AF355827

COLLECTION A UN FRANC LE VOLUME.
1 FR. 25 CENT. POUR LES PAYS ÉTRANGERS.

BÉNÉDICT H. RÉVOIL.

CHASSES ET PÊCHES

DE L'AUTRE MONDE

PARIS

ALEXANDRE CADOT, ÉDITEUR,

37, RUE SERPENTE, 37.

1856

CHASSES ET PÊCHES

DE L'AUTRE MONDE.

BÉNÉDICT H. RÉVOIL.

CHASSES ET PÊCHES

DE L'AUTRE MONDE

PARIS

ALEXANDRE CADOT, ÉDITEUR,

37, RUE SERPENTE, 37.

1856

PRÉFACE.

La publication d'un volume de chasses et de pêches, après celle des ouvrages écrits par les Nemrods du sport français, Elzéar Blase, d'Houdetot, Deyeux, de Foudras, Délegorgne, Bertrand et en dernier lieu de Jules Gérard, paraîtra peut-être un acte d'outrecuidance à certains de mes lecteurs. Aussi j'ai cru devoir me disculper de cette faute — si vraiment j'en suis jamais accusé — en plaçant cette courte préface en tête des pages qui vont suivre.

Pendant un séjour de neuf années aux États-Unis — de 1841 à 1849 — ma passion pour les aventures m'a souvent entraîné au milieu de pays déserts, sur des rivages lointains, à la recherche d'oiseaux, de quadrupèdes et de poissons inconnus à tout Européen. J'ai beaucoup vu, j'ai pris de nombreuses notes, et à l'aide de ma mémoire et de ces documents, j'ai rassemblé, pour les offrir à mes frères en saint Hubert, une série de chasses et de pêches fantastiques dont les acteurs sont des indiens, des trappeurs, des pionniers, des blancs et des nègres.

La description d'une contrée nouvelle et d'une nature luxuriante, la bizarrerie des faits, le merveilleux du récit, tout m'a paru devoir concourir à rendre mon livre intéressant, et la bienveillance avec laquelle le public a déjà accueilli certains chapitres de ce volume publiés dans des revues et dans des journaux, me fait espérer que, réunies ensemble, mes chasses et mes pêches trouveront encore un accueil favorable.

Je me permettrai de citer un dicton latin bien connu, pour atténuer encore — au besoin — les excentricités de mon livre :

Scribitur ad narrandum, not at probandum, a dit certain auteur, et je traduis cette phrase par le vers suivant, ayant trait à mes *Chasses de l'autre monde.*

Histoires de chasseurs ne sont pas Évangile.

B.-H. RÉVOIL.

Paris, 20 juillet 1856.

CHASSES ET PÊCHES

DE L'AUTRE MONDE.

I

Chair et Poisson.

Il n'est pas de pays au monde où la chasse soit plus attrayante qu'en Amérique, surtout pour nous autres Européens, forcés, afin de satisfaire notre passion, à nous munir avant tout d'un port d'armes, d'un action de chasse, d'un permis de commune, d'une muselière pour notre chien, et de mille autres articles indispensables pour défier les procès-verbaux du gendarme, du garde champêtre ou du garde particulier.

Aux États-Unis la chasse et la pêche sont libres. Procurez-vous un fusil et des munitions, un sac et un chien, aventurez-vous au nord, au sud, à l'est et à l'ouest, il vous est permis de vous introduire partout,

. et oncques personne ne songera à vous empêcher de passer sur ses terres ou de traverser ses bois.

Il n'y a d'entr'actes à ce sport illimité qu'à l'époque des accouplements, — c'est-à-dire du 15 avril au 4 juillet — et encore pendant cette période peut-on tuer lièvres, cerfs, oiseaux de passage, gibier d'eau, ours, panthères et animaux nuisibles. Les seuls oiseaux protégés par les lois du pays sont les perdrix (*quails*), les coqs de bruyère (*grouses*), les dindons et surtout les bécasses. Malheur à vous, si vous êtes surpris chassant ces oiseaux en temps prohibé. Le premier messier venu, un simple valet de charrue vous déclarera procès-verbal, et vous serez bel et bien condamné par le *judge* du territoire à une amende de cinq dollars (25 francs) pour chaque long bec découvert au fond de votre gibecière.

Moi qui vous parle, ami lecteur, je me suis vu, certain jour, arrêté par un bûcheron, le 25 juin 1842, à quelques lieues de New-York, ayant onze bécasses dans mes poches, on me traîna à Hastings devant les autorités, et j'aurais été bel et bien condamné à payer l'énorme amende 275 francs, si je n'eusse prouvé au juge qu'en ma qualité d'étranger j'ignorais les règlements du pays. Mon excuse fut admise : j'en fus quitte pour la confiscation de mon gibier, dont le chef de la justice — à ce que j'ai appris plus tard — se hâta de faire un succulent pâté.

La bécasse (*woodcock*) des États-Unis est plus petite que son congénère d'Europe et n'a d'autre ressemblance avec le *scolapax rusticola* que son plumage, dont l'identité est en tout parfaite. Suivez

le courant d'un ruisseau, un matin du 4 juillet; .
aventurez-vous au milieu des fondrières boueuses
d'un bois marécageux ou parmi les méandres d'un
épais cannier, à chaque pas, votre bon pointer tom-
bera en arrêt, une bécasse se levera au bout de son
nez : dès ce moment tout dépend de votre adresse.

Un matin, dans le bois de Tarry-Town, sur les
bords de l'Hudson, un de mes amis et moi nous
avions, en deux heures de chasse, épuisé nos pou-
drières et nos sacs à plomb et ensaché les unes sur
les autres cinquante cinq bécasses. Bien entendu
nous en avions manqué le double.

La perdrix américaine (*tetrao coturnix*) est de
petite taille, à peine grosse comme une énorme
caille d'Europe, et son plumage ressemble, à peu de
différence près, à celui de nos perdrix grises. Du
reste, ce sont mêmes mœurs, mêmes habitudes,
mêmes ruses, — plus l'instinct de se percher comme
des grives, lorsque la terre leur paraît trop dangereuse.

Que de fois, sur les hauteurs d'Hoboken, vers la
rive droite de l'Hudson, ou bien encore dans les
broussailles de Long-Island, à quelques lieues de New-
York, je me suis amusé à poursuivre, de remises en
remises, une ou deux compagnies de *quails*, qui
toutes partaient en bloc avec le bruit du tonnerre, et
ne se dispersaient qu'après avoir compris l'impossibilité de résister. Le vol de la perdrix américaine est
vraiment extraordinaire, et je me souviens avoir suivi
des yeux à l'aide d'une lunette de poche un de ces
oiseaux qui traversait l'Hudson et allait se remiser à

deux kilomètres de l'endroit de son départ, au milieu d'une foule de joncs placés sur un monticule de sable le long de la berge.

Les coqs de bruyère de l'Amérique du nord se divisent en deux familles distinctes : les *partdriges* — qui sont d'énormes oiseaux de la grosseur d'une poule et les *pinnated grouses* (faisans aux pieds pattus) pareils à nos lagopèdes d'Europe, dont les mœurs sont en tout semblables à celles des oiseaux du vieux continent. Comme nos faisans de France, les coqs de bruyère américains vivent au milieu des bois, picorent le grain des fermiers riverains et se font chasser au chien d'arrêt. Il n'est pas rare dans l'État de Connecticut et surtout dans ceux du Missouri et du Kentucky d'être forcé de rentrer au logis, car on ne peut plus porter sa gibecière. Du reste une douzaine de grouses suffit à la charge d'un chasseur. On est libre de retourner, l'après-midi, à la poursuite de ces admirables oiseaux, dont la chair est le plus délicieux manger qui soit au monde.

Et puisque j'ai effleuré cette question délicate, il m'est impossible de ne point parler d'une espèce de canards nommés *canvass back* (dos de toile à matelas) dont la saveur n'a pas sa pareille. Cet oiseau de passage hante particulièrement les eaux du fleuve Potomac, aux environs de Baltimore, et s'y nourrit d'une sorte de plante aquatique, le *valisneria*, auquel il emprunte son nom générique. On trouve encore ce canard en volées innombrables au milieu des eaux de la baie de Chesapeake, où croissent en quantité les herbes dont il fait sa nourriture favorite. C'est à la

racine de ce céleri sauvage que le *canvass back* doit
son fumet exquis, et ce gibier est généralement si es-
timé aux Etats-Unis, qu'une paire de ces palmipèdes
vaut jusqu'à trois et quatre dollars sur les marchés de
New-York, de Philadelphie et de Boston. C'est au
moyen du *badinage* que l'on fait généralement la chasse
aux *canvass back*; mais le plus souvent on organise
des battues à l'aide de flotilles d'embarcations, et l'on
procède à coups de tromblons. Les chasseurs de la
baie de Chesapeake sont si jaloux de leur privilége, que
dans certains traités entre les États limitrophes on a
introduit des clauses spéciales pour régler les limites
de la chasse réservée à chacune des parties con-
tractantes. Il y a quelques années, une infraction à cet
article du traité amena une collision sérieuse entre
les chasseurs de Philadelphie et ceux de Baltimore.
La querelle s'envenima à tel point, qu'on nolisa de
part et d'autre des chaloupes canonnières à bord
desquelles se trouvait une troupe de gens armés
ayant mission d'empêcher toute infraction aux règlements. Si le gouvernement de Washington n'eût pas
concilié les parties, il y aurait eu infailliblement du
sang répandu.

On trouvera dans ce volume un chapitre tout entier consacré aux pigeons ramiers; mais je ne saurais oublier de mentionner ici les vols innombrables
de grives de l'espèce des « draines, » qui aux État-Unis
obscurcissent l'air pendant le mois d'octobre de
chaque année. Jamais caquetage plus bruyant ne se
fit entendre dans les bois où cette gent emplumée
vient de s'abattre. Les *robbins* — tel est le nom

américain de ces grives babillardes — s'évertuent à crier comme des sourds, et ils le sont en effet, car la détonation d'un coup de fusil ne réussit même point à leur faire reprendre leur volée. Aussi le chasseur, sans sortir du bosquet où les grives ont fait élection de domicile, peut user sa poudre et son plomb à coup sûr et remplir facilement sa gibecière.

Si du nord des États de l'Union nous descendons vers l'ouest, dans la direction de la Louisiane, nous retrouverons des espèces d'oiseaux et d'animaux inconnues dans les contrées froides du Massachussetts et de la Nouvelle-Angleterre. Il est vrai de dire que ce pays montagneux est boisé et pittoresquement découpé par des cours d'eau, des étangs et des lacs de toutes dimensions. Les forêts sont composées de pins, de bouleaux, de cèdres, de mérisiers, d'aubépines, d'églantiers et de saules. Çà et là de beaux chênes, des noisetiers, des sumacs et des cannes complètent la richesse végétale dont le sol est recouvert. Dans les fourrés où le chasseur s'aventure, dans les hautes herbes des prairies on trouve à chaque pas des empreintes récentes et l'homme voit s'envoler devant lui, par milliers, des oiseaux au plumage éclatant, diapré de bleu, de rose, de jaune, de violet ou de blanc.

Voici, entre autres, le *rice bird*, le bec-figue américain, dont les ravages sont terribles dans toutes les rizières du pays : aussi lui fait-on aux Etats-Unis une guerre acharnée. Vers le coucher du soleil, au moment où les *rice birds*, obscurcissent l'horizon et s'abattent sur les plantations en pleine maturité, on a du plaisir à assister aux feux de peloton que tous les chasseurs du canton dirigent sur les maudits pillards. Des millions d'oiseaux succombent chaque saison, grâce à cette guerre incessante, et cependant l'espèce, loin de diminuer, semble augmenter à mesure qu'on cherche à la détruire.

Puisque mon récit m'a conduit sous la zone des pays chauds, je ne saurais oublier l'un des plus gracieux oiseaux de la création sur toute l'étendue de l'Amérique du nord, celui dont le chant remplace les mélodies harmonieuses du rossignol d'Europe. Je me souviens toujours avec un sentiment de vrai plaisir d'un certain déjeuner sur l'herbe fait aux environs de Bâton-Rouge, pendant lequel j'entendis pour la première fois le chant du *moqueur*. Ce singulier volatile, qui doit son nom à l'admirable aptitude dont il est doué pour imiter le chant de tous les autres habitants de l'air, est aussi remarquable par son ramage que par son agilité, car, sans cesser un seul instant de faire entendre sa voix, il s'abaisse et s'élève continuellement. Le plumage de l'oiseaux moqueur n'est pas précisément beau, mais sa forme est svelte et gracieuse, ses mouvements faciles, élégants, ses yeux pleins de feu et d'intelligence. A toutes ces qualités physiques, le moqueur joint celle d'une voix flexible et sonore qui se prête aux diverses modulations et rend les sons avec toutes leurs nuances.

Entend-il grisoller l'alouette, il grisolle à son tour. La colombe gémit-elle près de lui, il redit les plaintes de la colombe. Le perroquet caquette-t-il sur une branche, il caquette aussi bien que le perroquet. Le *black bird* — merle des États-Unis — siffle-t-il sous la feuillée, il siffle en le parodiant. Un voyageur passe-t-il sur la route en fredonnant une chanson, l'oiseau moqueur répète comme un écho la mélodie du chanteur. Quelquefois il imite le cri de l'aigle, souvent il pleure comme un enfant, ou rit comme une jeune fille. En un mot, cet oiseau extraordinaire pousse fort loin le talent d'imitation ; mais à l'entendre, on est étonné de la douceur que son bel organe ajoute aux chants des oiseaux dont il s'est fait le copiste.

Lorsqu'au lever de l'aurore les chantres ailés des forêts s'évertuent à répéter leurs différents ramages, le moqueur, perché sur un arbre, se livre à un solo qui domine tous les autres chants. On dirait un ténor de force dont les autres oiseaux accompagnent la voix.

Du reste le talent du moqueur ne se borne pas seulement à l'imitation, son chant à lui est mélodieux et plein de verve. Mais soudain, au milieu d'une phrase habilement cadencée, il s'interrompt pour se livrer à un caprice d'imitation, et cette improvisation, mêlée de souvenirs, dure souvent une heure entière.

Les ailes étendues, sa queue mouchetée de blanc déployée en éventail, il se livre à un frétillement bizarre qui charme la vue, tandis que sa voix étonne l'oreille. Rien n'est, à vrai dire, plus curieux que de voir pirouetter cet oiseau, comme s'il était atteint de folie ou plongé dans un enivrement passager.

Audubon, le célèbre naturaliste américain, prétend que le moqueur « s'élève quelquefois dans les airs

» avec la rapidité d'une flèche, comme s'il courait
» après son âme qu'il aurait laissé échapper avec
» son chant. » — Un aveugle qui écouterait les modulations du moqueur, serait convaincu qu'il assiste
à un concert de tous les oiseaux réunis dans le but
de se disputer le prix du chant, comme le faisaient les
pasteurs des églogues de Théocrite et de Virgile. Du
reste, non-seulement le chasseur et le naturaliste se
trouvent trompés par les imitations du moqueur,
mais les oiseaux eux-mêmes qui accourent près de
lui hésitent à prendre cette voix mensongère pour
un appel ou pour une plaisanterie. On les voit quelquefois, saisis d'épouvante, se réfugier dans l'épaisseur d'un fourré : quelle en est la cause? Le moqueur
vient dimiter le cri du faucon et à causé cette panique
inattendue.

Et cependant, malgré toutes ces qualités qui de-
vraient faire épargner le rossignol américain, je dois
confesser ici que maintes fois il tombe frappé à mort
par un chasseur impitoyable. Pourquoi donc avoir
tué ce gentil oiseau? Ah! c'est que sa chair est succulente et que le goût en est exquis. Là se réduit le
secret de cette cruauté.

La chasse est si belle dans l'Amérique du nord,
que ce n'est point ordinairement le gibier qui manque
sur le passage du chasseur, mais la poudre et le
plomb dans son sac. Il me suffira pour prouver ce
que j'avance, de citer un passage de journal que j'ai
j'ai tout lieu de croire fort authentique. C'est le récit
d'une chasse faite dans le comté de Shefford (Canada),
près d'un village nommé Frost.

Les habitants de cet endroit, s'étant rassemblés à la taverne de l'Aigle d'or, afin d'aviser au moyen de détruire le gibier qui menaçait le produit des récoltes du pays, il fut résolu que les oiseaux et les animaux pillards, devenus trop nombreux, seraient frappés dans une grande Saint-Barthélemy. Les chasseurs nommèrent deux chefs pour organiser le massacre, et les deux élus convinrent entre eux de se faire accompagner chacun par soixante-quinze camarades qui, dans l'intervalle d'un samedi à celui de la semaine suivante, chasseraient sous leurs ordres.

MM. Asa, B. Foster et Augustus Wood partirent donc, et le 19 avril 1852 on compta les pièces, qui se divisaient de la manière suivante :

Chasse de M. Foster.	pièces.	*Chasse de M. Wood.*	pièces.
Renards.	50	Renards.	50
Eperviers	50	Eperviers.	25
Corbeaux	60	Corbeaux.	100
Pics glousseurs	720	Pics glousseurs	420
Putois	270	Putois.	120
Ecureuils noirs et gris.	660	Ecureuils gris et noirs.	675
Ecureuils rouges et zébrés.	40.620	Ecureuils rouges et zébrés.	55,150
Belettes	80	Belettes	20
Geais et piverts.	2,570	Chouettes et hiboux.	140
Chouettes et hiboux.	160	Merles.	2
Merles	3	Pigeons	1
		Piverts et geais	1,860
Total.	45,243	Total.	56,563

Certes, voilà une chasse qui vaut la peine qu'on la cite, et jamais que je sache roi ou empereur du vieux continent n'en fit de pareille dans les forêts de sa couronne !

Je ne parlerai point dans ce chapitre préliminaire des chasses à la grosse bête, elles sont chacune, pour la plupart, illustrées par un ré it particulier ; mais afin de justifier la seconde partie du titre de mon ouvrag', mes lecteurs me permettront de citer en passant trois poissons remarquables tout à fait inconnus en Europe.

D'abord voici le *poisson-tambour* (*Pogonias chromis*) ainsi appelé par le bruit qu'il fait en nageant bruit qui ressemble au roulement d'une baguette sur une peau d'âne bien tendue.

Par un temps calme, l'après-midi, on entend ce roulement à plus de deux cents pas. Le *drumming fish* se trouve sur les côtes des deux Carolines, des Florides et même dans le fleuve Hudson, le long des quais de New-York. Ce n'est du reste qu'à l'époque du frai que ce poisson se livre à son *boniment;* le reste de l'année il est muet : la basane est détendue. C'est à l'énergie de la passion amoureuse que les naturalistes attribuent ce bruit insolite.

Le poisson-tambour est généralement énorme : il pèse de quinze à quarante kilos et mesure de un mètre à un mètre et demi de longueur. Les deux côtés de ce squale fantastique sont marqués de larges bandes noires disposées en lignes transversales et alternent avec des rubans d'écailles à la fois argentées et dorées.

Quelques planteurs de Charleston m'ont raconté avoir pêché dans une saison 12,000 poissons-tambours qui furent par leurs soins salés et distribués, l'hiver, aux nègres et aux pauvres du pays.

Le *diable* est un autre habitant des eaux américaines à qui j'ai dû consacrer un chapitre tout entier.

Voici maintenant le *bass*, le plus succulent de tous les poissons du monde entier. Sa grosseur varie de cinquante à quatre-vingts centimètres, et sa couleur est irisée de la tête à la queue ; c'est en un mot une carpe de mer admirable dans sa forme, sans pareille comme agilité, et gloutonne plus qu'aucun des poissons de son espèce.

Les requins abondent sur les côtes américaines, mais ces horribles monstres sont encore d'une race particulière dont la laideur dépasse infiniment celle de leurs congénères européens. Une singularité digne de remarque, c'est que les « pilotes » (*remoras*) qui accompagnent ordinairement le requin de nos mers, abandonnent celui des États-Unis. On prétend dans le pays que ce pirate des mers « mangerait même ses amis », et que telle est la raison pour laquelle aucun poisson n'ose s'aventurer trop près de lui.

J'ai failli me laisser croquer un jour par trois de ces terribles poissons, et je terminerai ce chapitre en racontant les détails de cette épouvantable rencontre.

Non loin de Beaufort, sur les côtes de la Caroline du sud, il existe un banc de sable, langue de terre d'alluvion très avancée dans la mer, que les habitants du pays appellent *Eggs-bank* (le banc des œufs), ou plutôt *le sol du frai*, car c'est là où tous les poissons de ces parages viennent, au dire des pêcheurs, déposer leurs œufs dans la saison des amours.

A la marée haute, ce banc de sable est couvert par les eaux ; mais pendant une tempête, rien n'est plus pittoresque que de voir les vagues s'élancer furieuses contre cet obstacle et retomber en écume de l'autre côté du récif.

Souvent, en temps calme, à la marée basse, pendant mon séjour chez mon ami M. Elliott, je m'aventurais, suivi de l'un de ses nègres, le vertueux Caïn, sur cette plage sablonneuse, armé d'un léger harpon destiné à la fois à prendre du poisson et à transpercer les « tarentules » de mer, très abondantes dans les interstices des cailloux et dont les morsures passent pour être très venimeuses.

Je me plaisais à voir les *basses* et les *hallibuts* naviguer à fleur d'eau, sans crainte, ignorant le danger, et s'avancer souvent presque jusqu'à mes pieds. Restais-je immobile, rien ne bougeait, si ce n'est leurs nageoires mises en rotation pour les soutenir dans l'eau; mais si je levais le harpon, tout disparaissait dans l'écume du ressac.

Un jour, la température chaude et énervante m'inspira la pensée de me jeter à la mer, dont la limpidité et la surface calme étaient vraiment très engageantes. Je pris des mains de Caïn des lignes que j'avais apportées, et suivi par mon nègre qui portait mon harpon et le panier dans lequel je tenais mes amorces, je m'avançai dans l'eau, les jambes nues, à peine protégées par un pantalon de toile, jusqu'à vingt mètres en avant du rivage.

Je demeurai là, sans y songer, jusqu'à ce que la marée eût presque couvert l'Egg-bank. Caïn, qui suivait les mouvements d'une ligne que je lui avais confiée, n'avait pas plus que moi pensé au retour forcé sur la terre-ferme; mais se retournant tout à coup, il poussa un cri de terreur. Je regardai, et jugez de mon eff.oi quand j'aperçus à quelque mètres de nous, entre le banc de sable et le ressac. nous fermant la retraite, un énorme requin nageant dans notre direction avec la plus grande rapidité.

— « Mon harpon! dis-je à Caïn. Ne me quitte pas d'une seconde et crie comme moi.

— » Ah! *good God!* — répliqua le noir dont les yeux démesurément ouverts semblaient sortir de leurs orbites, — voici encore un autre *shark!* »

Je regardai, et quelle ne fut pas ma consternation lorsque je vis qu'au lieu de deux requins, il y en avait trois, voguant de conserve, comme eussent pu le faire des pirates liés entre eux par un pacte et se proposant de s'emparer d'un galion chargé d'or.

Sans nul doute c'était à l'odeur nauséabonde de nos amorces de pêche que nous devions la visite de ces trois monstres.

— « Si ces monstres nous attaquent, disais-je en moi-même, nous sommes perdus. Il n'y a pas un moment à perdre. Soyons audacieux! c'est là notre seul moyen de salut.

Je renouvelai mes ordres à Caïn, et m'avançant, armé de mon harpon, contre le premier requin, je m'élançai sur lui et le frappai violemment sur sa tête, criant en même temps de toutes mes forces, tandis que la voix de Caïn, quelque peu enrouée par la peur, accompagnait la mienne, et pendant que ses bras agitaient l'eau avec force.

Cette conversion stratégique réussit; les requins effrayés se sauvèrent dans les eaux profondes, et nous regagnâmes la côte en courant, sans regarder en arrière, jusqu'à ce que nos pieds fussent tout-à-fait hors de l'eau.

Etre dévoré vivant par des requins n'est pas le genre de mort que je préfèrerais, je l'avoue, et à l'heure où j'écris ces lignes, malgré les années qui se sont écoulées depuis cette aventure, je tremble encore, ému par une terreur impossible à réprimer. Souvent depuis je me suis trouvé sur le bord de la mer, en Amérique et en Europe, les poissons bondissaient devant moi, les coquillages brillaient sur le sable fin, sous une couche d'eau limpide et tremblante, mais rien ne pouvait m'inviter aux délices du bain.

Bien au contraire, tout cela me rappelait les tarentules d'Eggs-bank, et je croyais voir au large, sur la croupe d'une vague, les trois requins qui avaient comploté mon meurtre et résolu de déchiqueter mes membres afin de s'en partager les lambeaux.

II

La Panthère.

J'étais engagé, un certain jour d'hiver, au milieu des forêts qui s'étendent le long du chemin de fer de l'Erié : deux amis, excellents chasseurs, m'avaient accompagné. Nous étions tous trois montés sur des chevaux du pays, armés de nos fusils et suivis d'une meute de six chiens. La partie de bois que nous parcourions était touffue, composée de cèdres, de cyprès, de roseaux, et parsemée çà et là de flaques pleines d'eau, que l'on appelle un *bayou* dans la Louisiane, et un *pond* dans le nord des Etats-Unis. L'ombre la plus épaisse régnait dans la forêt, qui paraissait être fréquentée par de nombreux animaux de toutes sortes. L'atmosphère était chargée, l'horizon brumeux et noir, et, malgré l'obscurité, nous avions mis dans nos projets de ne rentrer au logis qu'après avoir tué un cerf. Tout d'un coup, un de nos limiers donne de la voix, et après maint et maint circuit, il nous amène devant un cannier touffu et rendu impénétrable par une multitude de lianes tressées les unes dans les autres. Là, les chiens s'arrêtèrent, et, après avoir hésité un instant, ils suivent le limier autour de ce buisson inextricable, les oreilles dressées, les yeux jetant feu et flamme, les narines ouvertes et les jarrets tendus. Leurs aboiements étaient frénétiques, terribles, répétés à intervalles si rapprochés, qu'on aurait juré qu'ils ne discontinuaient pas Les échos répercutaient ces clameurs, qui glissaient sur la surface liquide d'un lac voisin, et allaient se perdre dans le lointain, comme la fanfare de chasse d'un piqueur qui sonne de la trompe.

Nous n'avions pas quitté nos chiens d'une semelle, et, tout en écartant les branches des arbres qui nous fouettaient le visage, nous soutenions nos chevaux de crainte d'un faux pas.

De l'autre côté du cannier, les chiens s'étaient frayé une route à travers les broussailles, et nous les entendions s'égosiller au milieu du buisson. Je priai mes compagnons de me laisser agir à ma guise; et, me débarrassant de mon paletot, j'attachai mon mouchoir autour de ma tête afin de préserver mes yeux, ma figure et mes lunettes. Prenant ensuite mon fusil, dont je renouvelai les capsules, je pénétrai à grands pas dans la trouée que nos chiens avaient faite. J'évitais de faire le moindre bruit, et je rendais ma marche aussi légère que possible à travers ce passage où nul être humain n'avait peut-être pénétré avant moi. Bientôt, à travers ce rideau de verdure qui obscurcissait ma vue, je parvins à deux pas de la meute. L'un de nos chiens s'élançait contre le tronc de l'arbre, dont il mordait l'écorce, et autour de lui s'agitaient les autres limiers qui aboyaient comme de vrais démons.

Je levai les yeux, cherchant à apercevoir ce qui causait la rage de nos chiens. Après quelques instants donnés à cet examen, lorsque mes yeux furent habitués à l'ombre, je découvris, à trente pas au-dessus de ma tête, une panthère mâle de la plus grosse espèce, qui fouettait ses flancs avec sa queue, et roulait dans leurs orbites des yeux qui ressemblaient à des globes de phosphore flamboyant.

Ajuster et lâcher simultanément la double détente de mon fusil, ce fut l'affaire d'une seconde ; mais, malgré la justesse de mes deux coups, l'animal ne fut point tué raide. De ses deux pattes il restait accroché à une branche d'arbre, comme s'il eût défié la mort. Quelques minutes après, ses muscles se détendirent, ses griffes abandonnèrent leur étreinte, et la panthère tomba à mes pieds au milieu de nos chiens : j'eus toute les peines du monde à les empêcher de déchirer à belles dents la fourrure de ce superbe animal.

Pendant cet intervalle, mes amis s'étaient rapprochés, et, grâce à leurs soins, je parvins à sauver mon gibier et à l'accrocher à une branche d'arbre, hors de toute atteinte.

C'était la première panthère que je tuais, et, je dois le dire, ma joie était extrême et se traduisait par de nombreuses exclamations. L'animal que j'avais abattu était énorme, et cependant il était loin de ressembler aux panthères qui existent dans les cabinets d'histoire naturelle et qui sont aussi grosses qu'un tigre ou qu'un

léopard. La panthère des Etats-Unis est généralement
de la taille d'un gros renard, ou tout au plus de celle
d'un petit loup. Celle qui pendait devant mes yeux
avait le pelage d'un roux blanchâtre, moucheté du cou
à l'extrémité de la queue par des taches oblongues, de
couleur bistre, bordées de noir. Le dessous du ventre
était blanc et uni; ses yeux jaune vert, gros et
brillants; ses oreilles pointues et ses pieds armés de
griffes longues d'un demi-pouce.

Pendant que mes camarades et moi nous admirions
ma panthère, la meute avait retrouvé une autre piste
et reprenait sa poursuite échevelée. Nous nous hâtâmes
de remonter à cheval, et un quart d'heure après, malgré le circuit énorme que nous avions fait dans la forêt,
nous nous retrouvions tous trois devant le cannier.
Cette fois, nous hâtant d'attacher nos chevaux aux
arbres voisins, nous entrâmes ensemble dans ce labyrinthe épineux. A la même place où j'avais tué ma
panthère, se tenait debout la femelle, rugissant comme
un lion et la gueule dégouttante de bave.

Trois coups de feu, tirés à la fois, firent choir la
bête sur le sol. Nos balles avaient pénétré à travers la
peau, l'une dans la poitrine, l'autre dans la tête, la
troisième dans le ventre.

Sans hésiter, je tirai de sa gaine un *bowie knife*
qui pendait à ma ceinture, et aidé par mes deux camarades, j'entrepris bravement l'office de boucher,
ouvrant la peau sous le ventre des deux panthères,
l'arrachant avec mon poing fermé, coupant les quatre
pattes et la tête à la hauteur du crâne. Quand ce double
écorchement fut terminé, nous nous donnâmes le spec-

tacle de la curée, abandonnant aux chiens la chair de
l'animal et nous contentant de notre part de butin.

Nous reprenions très joyeux le chemin qui condui-
sait à *Grammercy-Land-House*, habitation d'un riche
agriculteur, notre ami commun, lorsqu'aux confins de
la forêt, tout près d'une lagune formée par un des
replis du petit lac, nos chiens trouvèrent une piste
nouvelle. Etait-ce encore une panthère? était-ce un
raccoon (1) ou bien un cerf? nul ne pouvait le dire,
mais à coup sûr nous ne songions pas alors à compléter
notre étendard de pacha. Nous étions satisfaits des
deux queues de panthères que nous possédions déjà,
lorsque soudain, devant nous, à vingt pas, s'élança du
milieu d'une cépée une féline gracieuse, qui d'un seul
bond parvint au haut d'un bouleau, d'où elle paraissait défier notre atteinte et celle de nos chiens. Nous
lâchâmes, tous trois encore, la détente de nos fusils,
et l'animal, poussant un miaulement effroyable, se
laissa tomber sur le sol. C'était une jeune panthère
mâle, allongée et fine comme un de ces dandys américains qui arpentent le pavé de Broadway et lorgnent
insolemment sous le nez les jolies misses de New-York.
Elle avait cinq pieds et demi de long. L'étendard à
trois queues était à nous, il ne s'agissait plus que de
savoir lequel de nous trois serait le pacha.

Pendant cette dernière expédition, la nuit était
venue sans transition du jour au crépuscule. Nous
cherchions notre chemin et ne pouvions le trouver. Des
canniers denses et fourrés se hérissaient devant nous,

(1) Raton d'Amérique.

comme si un malicieux enchanteur les eût fait surgir
pour égarer nos pas, et nous n'avions pas le plus
petit fil d'Ariane pour nous guider dans ce labyrinthe.

Enfin la lune se leva. Nous nous orientâmes de
notre mieux, dans la direction du nord-est, afin de
retourner à Grammercy-Land-House. Il était dix
heures du soir quand nos chevaux, hennissant, nous
déposèrent devant la verandah de la ferme. Un bon
feu, un excellent souper, de charmantes ladies nous
attendaient, et nous oubliâmes bientôt nos émotions
au milieu d'une hospitalité toute patriarcale.

La triple dépouille des panthères fut déployée aux
yeux de nos gracieuses Yankees, trois charmantes
sœurs à l'œil mutin, au sourire fin, aux dents blanches, aux épaules arrondies, qui nous accablèrent
d'éloges bien doux à entendre.

Au bal costumé de l'*Océan-House*, à Newport, qui
eut lieu le 17 du mois d'août de 1847, ces trois grâces
américaines excitaient l'admiration générale et étaient
déclarées les dames de beauté de cette assemblée fas-
hionnable. Mesdemoiselles Fanny, Rebecca et Lizzy
Q..., revêtues d'une robe blanche et les épaules abritées chacune par une des peaux de nos panthères,
avaient subjugué tous les cœurs.

La peau de la panthère est très-estimée par les
fourreurs des Etats-Unis, qui en font des tapis splendides, bordés d'ours noir. J'ai vu à Philadelphie, chez
Madame R..., mariée à un médecin millionnaire, un
salon dont le parquet était entièrement tapissé de
peaux de panthères; c'était magnifique à la vue et
d'un prix fabuleux. Les divans, les coussins, les

;haises, les fauteuils, les consoles, tout était recou-
rert de ce pelage, aussi bizarre qu'une page écrite de
mgue arabe.

Des trois dépouilles de ces panthères, il m'en reste
ine encore, celle qui couvrait la taille cambrée de
iiss Rebecca, à qui je l'avais prêtée pour la circon-
tance, et qui me l'a restituée fidèlement après le bal.

La panthère a des mœurs carnassières très pronon-
ées; c'est surtout la nuit qu'elle se met en quête,
quærens quem devoret. Et quoique sa marche soit
ente, elle allonge le pas avec tant d'agilité, qu'elle
iarcourt des distances immenses dans l'intervalle du
oucher du soleil à son lever. Si le pays est giboyeux,
a panthère aura vite trouvé son souper. Un ou deux
ionds lui mettront entre les griffes une proie digne de
on appétit. Mais si la neige qui couvre le sol, si le
ent qui souffle avec rage rendent les chemins in-
traticables, la panthère se blottit sous un rocher, dans
n endroit fréquenté par les cerfs ou par quelque gibier
flus petit, à l'abri d'un bois de cèdre; et là, attendant
latiemment la harde de cerfs dont les habitudes lui sont
onnues par instinct, les dindons qui picorent sous le
ronc des arbres, les lièvres dont les gites s'ouvrent
éants devant ses yeux, elle profite du moment favo-
ħble, et prenant son élan, elle manque rarement sa
roie.

Quelquefois même la panthère s'attaque à l'homme,
ħais c'est surtout lorsque la faim la fait sortir du bois,
l qu'elle a des petits à nourrir. Le récit suivant arrive
i l'appui de ce fait.

Ma seconde chasse à la panthère eut lieu à Shenan-

doah, dans l'Etat de la Virginie, le long d'une petite
rivière appelée Cedar-Crick, qui coule aux pieds de
hautes montagnes dont le sommet est recouvert de
pins, de cèdres et de buissons touffus.

J'avais reçu la plus gracieuse hospitalité dans l'habitation de M. Pendleton, et un soir, après souper,
nous étions quatre à deviser autour d'une table chargée de verres, au milieu desquels flambait un bol de
punch au wiskey, lorsque tout d'un coup le calme de
notre conversation fut interrompu par des cris terribles qui provenaient d'une chambre voisine de la
salle à manger. Madame Pendleton se trouvait là avec
son enfant malade et sa nourrice, qui venait d'ouvrir la
fenêtre, lorsqu'une féline d'énorme taille sauta du plancher de la piazza qui régnait autour de la maison sur le
bord de la fenêtre, se tenant prête à s'élancer sur le
berceau de l'enfant.

Les cris de la mère et ceux de la nourrice nous
amenèrent sur le champ dans la chambre, mais l'animal
avait eu peur, et nous n'apprîmes ce qui s'était passé
que lorsqu'il n'était plus temps de le poursuivre. Les
chiens de la maison s'étaient élancés sur les traces de
la panthère ils revinrent bientôt, la queue entre les
jambes, lâchement, comme s'ils avaient fui un danger
trop imminent.

Le lendemain matin, bien avant que le jour n'eût
paru, les trois MM. Pendleton et moi, accompagnés
de deux nègres et d'une meute composée de huit limiers
de magnifique race, nous suivions la piste de la panthère à travers les sentiers les plus hérissés d'épines
et de cannes coupantes que j'aie jamais rencontré

de ma vie. Enfin nous arrivâmes à une sorte de clairière, au milieu de laquelle gisait une carcasse de daim à moitié dévorée. Le gibier avait été tué pendant la nuit, car il était frais et sans odeur.

Tout nous prouvait que nous étions enfin parvenus près de l'endroit où la panthère s'était retirée pour y passer la journée.

La neige qui était tombée depuis deux jours couvrait le sol d'un vaste linceul, et les pattes de l'animal s'y voyaient empreintes comme l'est un sceau sur la cire d'un parchemin. Ces traces nous conduisirent sur le sommet des montagnes Paddy, jusqu'auprès d'un rocher fendu en deux, qui formait une grotte naturelle, dans le fond de laquelle régnait la plus profonde obscurité.

Un de nos chiens, qui passa sa tête dans cette fente de rocher, donna de la voix ce qui nous prouva que la panthère était à quelques pas de lui.

Je ne sais si la nature a octroyé au chien plus de courage pendant le jour que pendant la nuit, mais ce qu'il y a de certain, c'est que les limiers, qui, la veille au soir, étaient revenus la tête basse et la queue entre les jambes de la poursuite de la panthère, n'hésitèrent pas un instant à se précipiter dans la passe étroite de la grotte pour attaquer ensemble l'ennemi. Deux d'entre eux parvinrent seuls à se glisser dans cette ouverture avant que MM. Pendleton eussent pu les en empêcher.

Un miaulement terrible se fit entendre, qui fut immédiatement suivi des hurlements des deux limiers. Nous ne savions quel parti prendre. Il fallait faire sortir les chiens, ou ils allaient être tués. M Rudolph, l'aîné des Pendleton, ordonna à ses deux nègres d'entrer dans le trou et de tirer dehors les limiers en les prenant ou par les pattes ou par la queue. En effet, Adonis et Jupiter (c'est ainsi que s'appelaient les deux africains) obéirent à leur maître, et, grâce à leurs efforts, ils arrachèrent successivement les deux chiens de la passe des rochers. Le dernier entré n'avait eu aucun mal, mais le premier avait été dangereusement blessé par la panthère.

Dans ce moment, le nègre Jupiter, qui était rentré dans la fissure de la grotte, s'écria dans son langage naïf :

« — Oh! massa Pendleton, les yeux de li panthère être brillants, là, comme deux dollars tout neufs. Yah! yah! yah! »

Sur de nouveaux ordres de M Pendleton, les esclaves dégagèrent l'entrée de la grotte de tout le bois et de toutes les feuilles qui l'obstruaient, et M. Rudolph pénétra à son tour dans l'étroit orifice.

Un silence solennel régnait en ce moment : les limiers eux-mêmes avaient compris qu'il était nécessaire de ne point donner de la voix. Deux minutes après que M. Pendleton eût entrepris son exploration dangereuse, nous le vîmes revenir à nous : il avait vu deux bêtes au lieu d'une. La première était accroupie dans le fond de la grotte, la seconde se tenait sur une corniche du rocher, taillée sur la paroi gauche de cette fosse aux panthères.

Il fut décidé par mes trois hôtes que M. Rudolphe entrerait le premier, sa carabine à la main, tandis que son frère Harry le suivrait pour lui faire passer une autre arme, au cas où la première décharge n'aurait pas suffi pour tuer la première panthère. Nous deux, M. Charles Pendleton et moi, nous nous tenions sur le qui vive, nos fusils à la main, tandis que les nègres, qui avaient accouplé les limiers, les tenaient en laisse.

Mon cœur battait avec force, dans l'anxiété du drame qui allait se passer au fond des entrailles de la terre. Tout-à-coup une explosion des plus bruyantes se fit entendre : on aurait dit que la terre tremblait sous nos pas, ou bien qu'une mine venait d'éclater à nos oreilles.

Les deux Pendleton reparurent bientôt, l'un portant la carabine de son frère, et celui-ci traînant par la queue un énorme animal qui, de l'extrémité du fouet au bout de son museau mesurait cinq pieds de long.

Pendant que nous examinions cette superbe panthère, les chiens avaient rompu leur laisse, et deux d'entre eux, se précipitant de nouveau dans la caverne, livraient un combat à outrance à l'autre animal, qui était resté accroupi sur la corniche. Heureusement pour nos chiens, la bête tremblait de peur, et n'osait pas se défendre, aussi les limiers l'étranglèrent-ils facilement. Quand cette bataille souteraine eut cessé, et lorsque Adonis, qui pénétra à son tour dans la grotte, reparut au soleil, il nous rapporta cette panthère en miniature et la jeta sur le sol à côté de sa mère. Toutes deux avaient vécu.

Je terminerai ce chapitre en racontant à mes lecleurs un des épisodes de l'exploration que j'avais entreprise dans les forêts de la Floride.

Par une matinée glaciale, nous chassions, un Américain et moi, à quatorze milles de Saint-Augustin, le long de la rivière Saint-John. Nos trois chiens avaient poursuivi une panthère, qui pour les éviter s'était jetée à la nage afin d'atteindre un îlot s'élevant à une portée de fusil au milieu des eaux. Tout-à-coup l'animal se retourna, saisit par la tête le chien qui était le plus rapproché de lui, et, l'entraînant sous l'eau, il parvint à l'asphyxier. Heureusement, nos deux autres chiens, qui comprenaient le danger, retournèrent près de nous.

La panthère avait atteint l'autre bord, et nous la suivions des yeux dans l'impossibilité où nous nous trouvions de traverser le fleuve Saint-John. Elle s'élança, au sortir de l'eau, sur un rocher qui bordait le courant, et de là, grimpant le long d'un arbre, nous la vîmes se blottir sur une branche exposée au soleil, afin de faire sécher sa magnifique fourrure.

Bientôt apparut à nos yeux étonnés un Caraïbe rampant sur le sol. L'Indien grimpa à son tour le long d'un arbre rapproché de celui où se trouvait la panthère et dont les branches s'enchevêtraient dans celles de l'autre : il parvint à peu de distance de l'animal. Entre le Caraïbe et la panthère, il n'y eut bientôt qu'un espace de quelques mètres.

La panthère paraissait déjà calculer la force et la portée de son élan ; seulement, elle hésitait, dans la crainte que les branches ne fussent trop faibles pour supporter son poids et celui de l'ennemi, qui venait ainsi l'attaquer. Quant à l'Indien, armé d'un épieu et d'un *bowie-knife*, il attendait le carnassier, qui levait avec précaution ses pattes, enfonçait ses griffes aiguës dans l'écorce glissante de l'arbre, s'avançait pouce à pouce, tandis que son œil d'émeraude brillait d'une ardeur sanguinaire.

Ce spectacle émouvant nous avait cloués sur le sol ; cependant un instinct secret paraissait nous avertir que, quoique le péril fût grand, l'homme vaincrait l'animal. Aussi ne pouvions-nous pas nous empêcher d'admirer l'élégance, la vigueur et la souplesse de la panthère. Une haleine chaude, sortant de sa gueule béante, semblait atteindre le visage du Peau-Rouge, qui tout d'un coup levant son épieu, lui en asséna sur la tête un coup violent, auquel répondit un rugissement sourd et profond. L'animal, ainsi averti, se détourna de manière à placer son museau sous une branche qui le couvrait et le protégeait. Tout-à-coup le Caraïbe avisa sa gueule entr'ouverte, y introduisit la pointe de son épieu, et le même hurlement se reproduisit, plus terrible encore que le premier. La panthère ramassait son corps et étendait une de ses pattes en avant pour atteindre une branche qui l'eût placée de niveau avec son ennemi. La situation devenait critique : ses énormes griffes touchaient déjà le genou du Peau-Rouge ; sa poitrine haletante annonçait l'effort vigoureux qu'elle allait tenter, et mon ami et moi nous aurions mis un terme à cette horrible lutte, si nous n'eussions pas craint d'atteindre et l'homme et l'animal, car nos fusils étaient chargés avec des chevrotines.

A cet instant suprême, le Caraïbe, faisant un mouvement violent, plongea la lame de son couteau dans l'œil de la panthère, qui, ne pouvant ni reculer ni avancer, retenue qu'elle était par l'arme implantée dans l'orbitre de son œil, exprimait sa fureur impuissante par des cris longs et saccadés. Sa rage finit par l'emporter sur l'instinct de prudence particulier à sa race : furieuse, elle voulut s'élancer; mais un second coup d'épieu lui fit perdre l'équilibre, et elle tomba sur la rive du fleuve à une portée de carabine. Une terrible explosion, causée par la décharge simultanée de nos quatre coups de fusil, cloua l'animal sur le sol, où il se débattit quelques instant et se raidit dans une dernière convulsion.

A ce bruit insolite, le Caraïbe avait tourné les yeux de notre côté, et poussait en même temps un *hoop* vigoureux, qui dans sa langue était à la fois un remercîment et un cri de victoire. Il descendit de l'arbre avec l'agilité d'un chat, et manifesta, par une danse folle, la joie où il était d'avoir été délivré d'une manière si miraculeuse et si inespérée. Grâce à son couteau, l'animal fut bientôt dépécé, et sa robe, qui mesurait cinq pieds trois pouces de long, de la tête à la naissance de la queue, fut roulée et attachée sur son dos. Le Peau-Rouge, à qui nous fîmes comprendre que nous étions bien aises de le garder en notre compagnie, traversa la rivière à la nage, et nous suivit sans trop de répugnance jusqu'à Saint-Augustin, où mon camarade de chasse, ami du gouverneur de l'Etat, lui fit obtenir une récompense pour son audacieux courage.

Le Caraïbe que le hasard avait amené sur notre

route n'était pas un obscur chasseur indien, c'était le célèbre Billy Bowlegs, qui est devenu le chef des Caraïbes de la presqu'île floridienne, et dont la tribu menace souvent encore le repos et quelquefois la vie des planteurs de Talahassée.

III

Le serpent de mer.

Au nombre des monstres marins dont l'existence est constatée par des témoignages auxquels on peut ajouter foi, le *kraken*, vulgairement appelé « poisson montagne, » est peut-être le plus remarquable de la création, soit à cause de sa taille extraordinaire, soit à cause de ses proportions inconnues. Il est vrai que souvent la tradition change la vérité en mensonges, et les mensonges en de nouveaux mensonges ; mais ceux qui aiment le merveilleux peuvent bien admettre l'existence d'une autorité traditionnelle qui s'est maintenue et a survécu à tous les sarcasmes, depuis les temps les plus reculés jusqu'à nos jours. D'après cette tradition, lorsque ce polype gigantesque, paraît à la à la surface de l'Océan, il ressemble plutôt à une île ou à un récif qu'à un poisson, et s'il nage sous les eaux, les navires qui le rencontrent et le touchent de leur quille reçoivent des secousses qui font croire à des commotions sous-marines souvent expliquées par une éruption volcanique. La tradition prétend encore que le kraken est immortel, quoique la nature lui ait refusé la faculté de propager son espèce : il serait en effet difficile à l'Océan, malgré son étendue immense, de nourrir dans ses eaux une race nombreuse de ces monstres gigantesques. Il faut donc croire que le nombre des krakens se maintiendra tel qu'il a été dès le commencement de ce monde.

Il est bon, toutefois, de ne pas oublier un seul instant que toutes ces assertions ne sont que des suppositions fondées sur des probabilités. La nature ne renferme-t-elle pas une infinité d'êtres encore inconnus à la science humaine?

Néanmoins, si tous les faits qui paraissent tenir de l'impossible et du merveilleux n'avaient pour origine que les témoignages exagérés des marins et des pêcheurs, on pourrait, sans y mettre plus de façons, les reléguer au nombre de ces contes inventés à plaisir pour amuser les enfants ; mais il faut le dire, puisque cela est, plus d'un naturaliste digne de foi a confirmé et corroboré, à quelques modifications près, ces vérités populaires que la tradition nous a léguées.

Dans le nombre infini des contes répandus dans le public, qui se sont propagés au sujet de ce monstrueux polype, je citerai ceux-ci : Vers la fin du dix-huitième siècle, les habitants de la côte de Terre-Neuve, située entre le 48ᵉ et le 50ᵉ degré de latitude au delà de Pine-Light, remarquèrent que l'air était empoisonné à un tel point, toutes les fois que le vent soufflait de la mer, que leur pays paraissait être menacé de la peste. Après maintes recherches, on finit par découvrir que la cause de cette odeur nauséabonde et dangereuse venait du cadavre d'un immense kraken échoué sur les récifs qui bordaient la rive, en deçà du ressac. Je n'ai pas été à même d'approfondir quels furent les moyens employés par les habitants de Terre-Neuve pour se débarrasser de ce dangereux et putride voisinage ; j'ignore quels procédés ils mirent en usage pour assainir l'air ; mais toujours est-il que la peste ne se déclara pas, et que, soit à l'aide des oiseaux de mer qui dépécèrent ce cadavre, soit grâce à un autre moyen providentiel que la tradition ne nous a pas transmis, le kraken disparut et le pays échappa au fléau.

J'ai aussi ouï raconter qu'un évêque de Norwége ayant été informé par des pêcheurs qu'une île nouvelle venait de surgir dans la baie de Bergen, résolut d'y célébrer la messe. Le sol était visqueux et mou, mais grâce à un bateau chargé de sable, on put élever un autel à pied sec, et célébrer le service divin, à la suite duquel on planta une croix de bois entre deux monticules comblés au moyen de sable et de pierres, pour prendre possession de l'île nouvelle. Au moment où l'évêque et son clergé s'embarquaient pour retourner sur le continent, l'île entière se mit en mouvement, et disparut sous les eaux. On reconnut alors que cette terre supposée n'était rien autre chose qu'un kraken de la plus énorme espèce.

Un capitaine américain, que j'ai beaucoup connu à New-York, m'a raconté qu'en 1836, se trouvant dans les attérages des îles Lucayes, son navire avait été attaqué par un kraken qui, étendant ses bras gigantesques, avait atteint et entraîné deux hommes de son équipage dans la mer. En vain leurs camarades avaient-ils cherché à arracher ces deux malheureux à la mort ; tous leurs efforts furent inutiles. L'équipage avait cependant remporté une victoire partielle, car d'un coup de hache le timonier en chef avait tranché un des bras du polype. Cet appendice monstrueux mesurait trois mètres et demi de long et sa grosseur était celle du corps d'un homme. J'ai vu ce curieux spécimen d'histoire naturelle dans le Muséum de M. Barnum à New-York, où il est contenu, raccorni et replié sur lui-même, dans un énorme bocal rempli d'alcool.

S'il faut en croire un *ex voto* qui subsiste dans la chapelle de Notre-Dame-de-la-Garde, à Marseille, et que j'ai vu dernièrement encore appendu contre une des parois de l'enceinte vénérée, des marins furent attaqués sur la côte de la Caroline du Nord, par un kraken, qui, se cramponnant aux mâts du bâtiment, s'efforçait de l'attirer à lui et de l'entraîner au fond de la mer. Il y serait parvenu si les marins n'avaient pas réussi à lui couper un de ses bras.

Si nous remontons plus loin dans les âges, nous trouvons dans Pline la description d'un énorme poisson tué sur les côtes d'Espagne, qui pesait, assure-t-il, plus de sept mille livres, et avait des bras si gros et si longs, qu'un homme ne pouvait pas en embrasser la circonférence. La conformité de ces récits anciens avec ceux d'époques postérieures ne permet pas de mettre en doute l'existence de cet animal, dont la grosseur est antédiluvienne. Il n'y a donc plus à se poser que cette question : Les témoins de ces rencontres du kraken n'ont-ils point exagéré? La peur terrifiante produite par cette vue n'a-t-elle pas fait ouvrir démesurément les yeux aux marins qui se trouvaient en présence du monstre? L'horreur n'a-t-elle pas troublé le jugement du spectateur en lui faisant prendre des centimètres pour des mètres? Ce serait l'effet des bâtons flottants, qui « de loin » sont quelque chose et « de près » ne sont rien.

En résumé, on ne saurait nier que la mer ne renferme des secrets sans nombre dans ses vallées incommensurables. Ce serpent de mer, qui paraît et disparaît plusieurs fois par an, et dont on décrit la forme comme ressemblant à celle d'une quantité de tonneaux liés à la suite les uns des autres, ne serait-ce pas un kraken? Qui ne se souvient des sirènes? moitié femmes moitié poissons, qui, réputées comme fables, sont pourtant de nos jours à moitié avouées, surtout si l'on ajoute foi à la description qu'un célèbre navigateur anglais, George Anson, nous fait de ce poisson des îles Philippines, nommé *pere-mujer* (presque femme) par les Epagnols, et qu'il assure ressembler en tous points, sauf le chant, aux sirènes des anciens? Suivant Anson, ces poissons ont une très grande force, et pour les prendre les naturels emploient des filets dont la corde est de la grosseur du petit doigt, lorsqu'ils ne les tuent pas à coups de flèches.

La voix sévère de la science ne s'est point encore prononcée pour éclaircir un fait que l'amour du merveilleux accepte volontiers au sujet du kraken ou du serpent de mer ; mais je me rappellerai toujours qu'en

1846, me trouvant à Newport, pendant le mois d'août à l'époque de la saison des bains de mer,—j'entendis raconter à table d'hôte qu'un baleinier, arrivé la veille au soir, assurait avoir heurté dans les eaux de l'île Nantucket un énorme serpent de mer, qui avait plongé à l'instant pour reparaître à cinq cents mètres plus loin, visible de toutes parts, et offrant les plus effroyables proportions d'un monstre incommensurable. La peur avait empêché les marins de pourchasser ce kraken-serpent, mais on l'avait suivi des yeux autant que le télescope l'avait permis : il avait enfin disparu dans la direction du cap Cod. Cette histoire me parut tout d'abord un *canard*, d'autant plus que le journal de Newport l'avait reproduite *in extenso*, et que le rédacteur de l'article annonçait qu'un *steamboat* était frété pour aller chercher le kraken-serpent et le combattre à outrance.

Naturellement ami du merveilleux, je sortis de l'hôtel de l'Océan, et me rendis au bureau du journal, où je trouvai le rédacteur de l'article occupé à faire ses préparatifs de départ. Il allait à la chasse du serpent de mer, et lorsque je me fus nommé, il m'engagea à l'accompagner. Inutile d'ajouter que j'acceptai cette proposition qui me souriait de toute manière. Un quart d'heure après, j'étais prêt à m'embarquer sur ce *steamboat*, à bord duquel se trouvaient près de deux cents amateurs, armés de *rifles* de toutes sortes et de tout calibre. C'était le soir, le soleil qui se couchait empourprait l'horizon au moment du départ. Une foule immense encombrait le *warf* lorsque nous quittâmes la rive à toute vapeur. Du quai, on nous sou-

haitait un heureux voyage et une bonne chance. Je
n'oublierai jamais de ma vie ce spectacle à la fois imposant et burlesque. Bientôt les côtes s'amoindrirent,
la nuit se fit et nous songeâmes au repos. Nous ne
devions arriver au cap Cod qu'à la pointe du jour.
Chaque héros s'arrangea de son mieux pour passer la
nuit : les plus heureux dans un hamac, ceux qui étaient
arrivés les derniers sur les banquettes, sur le plancher,
où ils pouvaient.

Peu à peu les conversations animées, les forfante-
ries sans nom des Américains s'éteignirent les unes
après les autres ; rien ne scintillait, si ce n'est la lampe
de l'habitacle et les fanaux placés sur les deux tam-
bours des roues. Tout autour de nous il faisait nuit
noire.

Sur le pont, où j'étais resté un des derniers avec
mon confrère le journaliste, l'obscurité était si profonde, que nous n'y voyions pas à deux pas devant
nous. Nous éclairions notre promenade par la lueur
de nos cigares.

La mer moutonnait autour de notre navire, une
phosphorescence éclatante sillonnait la cime dentelée
des vagues. La pensée du danger auquel nous courions
de gaieté de cœur, pour satisfaire notre plaisir, fut entre
l'américain et moi le texte d'une conversation qui se
prolongea jusqu'après minuit. A cette heure seulement
nous regagnâmes la cabine que le capitaine, avec la
déférence qui caractérise les Yankees pour le journaliste, avait mise à notre disposition.

Mon camarade dormait depuis longtemps et m'en
donnait des preuves sonores, que j'étais encore éveillé,

pensant au serpent de mer et à tous les Régulus américains qui allaient, dans quelques heures, me disputer l'honneur d'être le seul héros de la victoire. Le crépuscule me surprit plongé dans ces réflexions orgueilleuses. Ma toilette et celle de mon ami furent vite achevées, et nous étions les premiers sur le pont, notre fusil à la main, un télescope dans l'autre, interrogeant l'horizon à travers la brume qui nous en dérobait la vue.

Peu à peu le tillac se couvrait de tous les amateurs de ce sport d'un nouveau genre; il ne manquait que des dames pour rendre la fête complète, et l'on se serait alors cru à bord d'un steamboat parti pour une de ces excursions de pêche (*fishing excursions*) si célèbres aux Etats-Unis. Tous étaient prêts au combat. Il s'agissait de vaincre ou de mourir.... sous le ridicule.

Deux heures se passèrent dans une attente pleine d'impatience. On désespérait déjà de rencontrer le moindre cachalot, le plus petit marsouin, la plus mince bonite, lorsque tout-à-coup une voix s'écria :

« *Good God! I see him!* (Bon Dieu ! je l'aperçois !)
» voyez ! voyez ! là-bas vers le nord, dans la direc-
» tion du cap Cod! cette masse mouvante qui res-
» semble à une file de tonneaux attachés ensemble
» par chaque bout!... Voyez ! voyez ! »

D'abord, je l'avoue, je crus à une mystification. Les narrations fantastiques du *Constitutionnel* et de plusieurs journaux américains me revinrent à la mémoire et obscurcirent ma myopie. Cependant je voulais voir. Je cherchai à découvrir le monstre à l'aide d'un excel-

.lent binocle de Chevalier, qui ne m'avait jamais quitté dans toutes mes excursions de chasse... Enfin, dans la direction indiquée par le chasseur aux yeux perçants, j'aperçus, conforme à la description qui en avait été donnée, un immense poisson se tordant comme un S sur une mer assez calme.

A n'en pas douter, c'était un kraken, un serpent de mer. Le monstre n'était pas un mythe, c'était une horrible réalité !

Notre capitaine dirigea le navire sur cette masse mouvante, et fit faire force de vapeur.

Un quart d'heure après, nous avions gagné sur le serpent ; nous pouvions mesurer approximativement sa longueur et distinguer ses formes, qui étaient celles d'une anguille gigantesque, mais très large sur le milieu du corps, et pourvue de nageoires fort longues, et pareilles à des bras. La tête seule disparaissait sous l'eau, et comme elle était la partie la plus éloignée de nous, il était impossible d'en saisir la configuration.

Nous n'étions plus qu'à une portée de caronade du monstrueux serpent, lorsque tout-à-coup un des chasseurs qui se trouvaient à l'avant du steamboat eut la maladresse de faire feu sur lui.

Ce mauvais exemple fut le signal d'une fusillade générale ; mais bien avant que chacun de nous eût pu décharger son arme, le kraken disparaissait à tous les yeux, s'enfonçant dans la mer et ne laissant derrière lui qu'un sillage qui s'aplanit au bout de quelques secondes.

Cinq heures durant, notre steamboat sillonna la mer du cap Cod et suivit les méandres situés entre

toutes les îles et les récifs de la côte du Massachus-
sets-State; mais ce fut de la vapeur perdue en pure
perte : le serpent avait repris la route de ses vallées
profondes, de ses algues touffues, où le calme règne
joujours. Il nous fallut songer au retour, et nous
tournâmes notre proue du côté de Newport,

        « Honteux et confus
« Mais, jurant pour ma part, qu'on ne m'y prendrait plus! »

Il était heureusement deux heures du matin
lorsque notre navire arriva au quai. Grâce à la nuit,
il fut facile à chacun de nous de regagner son domicile
respectif. Quant à moi, je rentrai à l'hôtel de l'Océan,
j'acquittai ma dépense, et, avant le lever des pension-
naires de M. Beaver, le *landlord* de ce caravansérail
hospitalier, j'étais sur le chemin de fer qui conduit de
Boston à New-York. Là, du moins, j'étais sûr de ne
pas avoir à subir des railleries sans fin, des plaisanteries amères pour celui qui avait *vu* le serpent de
mer, mais qui ne l'avait pas *mis à terre.*

IV

Le Peccari.

Tous les animaux, en général, se trouvent saisis d'une terreur panique à la décharge d'un coup de fusil, et s'ils ont échappé au plomb meurtrier, ils fuient comme ils peuvent, avec toute la rapidité que leurs pieds ou leurs ailes donnent à leur frayeur. Le peccari, est le seul peut-être dans la nature, qui ne peut être accusé de cette pusillanimité. Je dirai même plus, il m'a été prouvé que si le bruit d'un coup de fusil ressemblait à celui des détonnations volcaniques de l'Hécla ou du Chimborazo, au lieu d'être tout simplement une explosion très ordinaire, le peccari sentirait redoubler sa rage, et deviendrait plus irrité à mesure que le danger augmenterait. Cet animal semble être tout-à-fait insensible à ces influences nerveuses, à ces soubresauts inévitables que le bruit, sous quelque forme qu'il se produise, fait éprouver à l'homme et à la bête. Quoique la taille du peccari ordinairement soixante centimètres de hauteur et un mètre de longueur, du groin à la naissance de la queue, il n'en est pas moins l'un des animaux les plus dangereux de l'Amérique du Nord.

Les peccaris vivent en troupeaux dont le nombre varie de dix à cinquante. Leurs mâchoires sont ornées de boutoirs pareils à ceux du sanglier, mais droits au lieu d'être recourbés comme ceux de leurs congénères, et ils sont, peut-être à cause de cette forme, plus terrible et plus meurtriers. Ces défenses redoutables sont aussi tranchantes que la lame d'un rasoir ; leur longueur varie de dix à douze centimètres. Les mouvements d'un peccari sont rapides comme ceux d'un écureuil ; la force de leurs épaules de leur cou et de leur tête est telle, que rien ne peut résister à leur impétueuse attaque. L'expérience a prouvé aux chasseurs que, les peccaris n'hésitant jamais à s'élancer sur ce qui s'oppose à son passage, être animé ou objet sans vie, avec ou sans provocation, le plus sûr moyen est de fuir lorsqu'on les rencontre. Comme ils se ruent habituellement en masse sur ce qui gêne leur marche, et qu'ils se battent jusqu'à ce que le dernier d'entre eux soit tué, il est absolument inutile de leur faire tête, car ils couvriraient de blessures l'homme ou l'animal, quelle que fût sa force et sa taille, et la victoire coûterait plus qu'elle ne vaudrait.

Tout fuit donc à la rencontre de ces animaux, hommes, chiens et chevaux ; c'est un sauve-qui-peut général, et le peccari américain est la terreur des Nemrods du Nouveau-Monde.

Cet animal bizarre est sans contredit l'intermédiaire

du genre cochon domestique et du sanglier des bois.
La forme de son corps se rapproche plus de celle du
porc, mais ses soies, clair-semées sur une peau ru-
gueuse, ont la faculté de se hérisser comme les piquants
du porc-épic, aussitôt que la colère se manifeste chez
lui, et en cela il ressemble plus au sanglier qu'à tout
autre de la race. Les soies du peccari sont colorées
par zônes, la partie la plus rapprochée de la peau
étant blanche, et la pointe d'une teinte chocolat. Les
peccaris n'ont pas de queue. Cet appendice est remplacé par une protubérance de chair que les nègres du
Texas ont qualifiée de « nombril du... derrière. » Une
autre particularité remarquable, c'est que le nombril
proprement dit n'existe pas chez ces animaux à sa
place ordinaire. Sur le dos, au-dessus du filet, s'élève
une rugosité informe contenant un dépôt de liqueur
musquée qui s'évapore dès que l'animal devient irrité,
comme cela arrive chez la civette et le raton musqué
de l'Amérique du Sud.

Les épaules, le cou et la hure du peccari tiennent
du sanglier, mais la partie extrême du groin est généralement plus délicate et plus effilée. Les pieds et les
jambes sont pareils à ceux du sanglier. La nourriture
qu'il préfère est celle composée de baies, de glands,
de racines, de cannes à sucre, de grains et de reptiles de toutes sortes.

Si nous nous sommes longuement étendus sur la
conformation et sur les mœurs de cet animal, il nous
reste encore à parler des habitudes bizarres qu'il met
en pratique pour dormir. La bauge des peccaris est
toujours située au milieu de ces canniers touffus et

impénétrables qui croissent dans des endroits marécageux, autour d'arbres élevés et séculaires. Le vent et
la foudre semblent s'attaquer de préférence à ces
chênes et à ces érables isolés, géants des forêts du
Texas, que l'on rencontre maintes fois renversés le
long des rivières du pays, et recouverts d'un treillage
de lianes et de vignes sauvages. Ces troncs d'arbres,
qui mesurent habituellement huit à dix mètres de circonférence, sont presque toujours creux, et servent
de refuge nocturne aux peccaris. Ces animaux se
retirent chaque soir dans un tronc d'arbre qui peut
souvent en contenir une trentaine : ils s'y abritent
tous en entrant à reculons, le dernier restant le nez
en dehors, et montant pour ainsi dire la garde.

Les planteurs du Texas, qui redoutent les peccaris,
leur ont voué une haine mortelle, non-seulement à
cause des ravages commis dans leurs champs ense-
mencés, du meurtre de leurs chiens, de la mutilation
de leurs chevaux, mais encore au sujet de la ridicule
position où la rencontre des peccaris les a souvent
placés, c'est-à-dire l'alternative de fuir à perdre haleine ou de se hisser sur un arbre ; — les planteurs,
dis-je, saisissent toutes les occasions qui leur sont
offertes de détruire ces parasites dangereux. Dès que
l'un d'eux découvre un tronc d'arbre creux qui lui
paraît fréquenté par des peccaris, il organise une
chasse des plus amusantes quoique des plus dangereuses. Il faut, pour qu'elle réussisse, que la pluie
tombe ou que le brouillard obscurcisse l'atmosphère.
Habituellement, les peccaris ne quittent pas leur domicile par un temps aussi désagréable. Une demi-heure

avant le point du jour, le chasseur, armé d'une carabine et de cartouches nombreuses, va s'embusquer vis-à-vis de l'entrée de la tanière habitée. Là, caché à tous les yeux, il attend que la lumière lui permette de commencer le feu. Dès qu'il peut apercevoir les yeux perçants du peccari placé en sentinelle, derrière lequel dorment couchés ses compagnons, il épaule son arme, vise avec soin et lâche la détente. Le coup part, et l'animal atteint par le plomb, s'élance hors de l'arbre et tombe sur le sol, se démenant dans une dernière agonie.

A peine le chasseur a-t-il eu le temps de recharger sa carabine qu'un grognement souterrain s'est fait entendre et deux autres yeux viennent se braquer à l'ouverture qui était, quelques minutes auparavant, occupée par la sentinelle. Un second coup de feu se fait entendre, et la seconde victime éprouve le sort de la première ; et ainsi de suite jusqu'à la vingtième et la trentième même, à moins que l'un des animaux, excité par les explosions fréquentes, n'attende pas le coup de fusil qui le menace, et ne fasse directement une trouée vers le chasseur, suivi de tous les autres peccaris qui étaient couchés derrière lui : auquel cas le chasseur n'a qu'un seul parti à prendre, celui de fuir à toutes jambes et de s'élancer sur le premier arbre qui se trouvera à sa portée.

Si pendant la fusillade le peccari en tête reste mort dans le tronc d'arbre et obstrue l'ouverture, l'animal couché derrière lui pousse avec son groin la masse inerte, jusqu'à ce qu'elle lui permette de trouver une issue. Comme ces animaux ignorent le danger et ne savent pas d'où il vient ; ils ne connaissent point la crainte et s'élancent audacieusement, depuis le premier jusqu'au dernier, à l'encontre du péril. Jamais ils ne se jettent sur un ennemi caché à leurs yeux ; leur instinct ne les guidera que si le chasseur fait remuer les branches derrière lesquelles il s'est abrité, ou s'ils entendent, dans certaine direction un bruit qui indique la position occupée par celui qui les guette.

Quelque incroyables que soient les renseignements qui précèdent, je déclare solennellement que telle est la méthode de la chasse usitée par les habitants du Texas, à Canney-Creek et à Brazos-Bottom, où, vers 1848, le pays était impraticable, vu la quantité de peccaris qui l'infestaient. A l'heure qu'il est, grâce aux nombreuses chasses des planteurs et de leurs amis, les sangliers texiens sont devenus presque aussi rares que les nôtres dans les forêts du Nord. Au besoin, on les compterait.

Je n'oublierai jamais de ma vie la première aventure qui m'arriva à la chasse aux peccaris. J'avais reçu l'hospitalité chez un planteur de Canney-Creek, auquel j'avais été recommandé par son frère, qui vit encore à New-York et est l'un de mes meilleurs amis. M. John Morgan avait émigré depuis 1837 au Texas, avec son frère, le plus jeune des trois, et la plantation dont il était possesseur était sans contredit la plus belle de toute la contrée. J'étais pour ces deux hardis pionniers un pauvre chasseur, aussi se plurent-ils à m'initier aux dangers de la vie de trappeur dans ce pays primitif. J'écoutais avec un plaisir impossible à décrire de nombreuses relations de chasse, qui

sont à la veillée le thème favori des habitants des
frontières.

Les peccaris avaient fait depuis peu de temps de
très grands ravages dans les champs de blé et de maïs
de MM. Morgan, qui leur avaient fait une guerre à
outrance, et naturellement ils se plaisaient à m'entretenir de leurs exploits et de leurs dangers. J'éprouvais
un vrai plaisir à les entendre maugréer et sacrer lorsqu'ils me montraient leurs plus beaux chiens décou-
sus accidentellement par les sangliers texiens; accidentellement, dis-je, car aucun chien ne se livre avec
passion à la chasse du peccari, du moment qu'il y a
pris part une première fois.

Un matin, M. John Morgan, en rentrant à l'heure
du déjeuner, nous raconta qu'il avait été juger par
lui-même des dégâts commis dans ses champs de maïs
par un ours et par un troupeau de peccaris. Il avait
bientôt rencontré les traces de l'ours, et tout en les
suivant, il s'était trouvé nez à nez avec un troupeau
de peccaris, qui aiguisaient leurs boutoirs contre les
tiges de son maïs, et coupaient tout autour d'eux
comme le fait la faucille d'un moissonneur. Il était
trop tard pour espérer une retraite honorable, car il
avait été aperçu par les peccaris, qui, suivant leur habitude, s'élancèrent sur-le-champ à sa poursuite, grognant et faisant claquer à chaque pas leurs mâchoires
l'une contre l'autre. S'arrêter pour décharger sa carabine était chose impossible; M. Morgan dut prendre
ses jambes à son cou. Il s'élança dans la direction
d'une barrière, et fut assez heureux pour y arriver
avant que les peccaris ne l'eussent atteint. Il grimpa

au sommet du plus haut échelon de bois dont cette barrière était faite, et sur ses talons s'élancèrent les peccaris, qui se haussaient sur leurs pieds de derrière,
déchirant le bois avec leurs boutoirs. Les échelons de
la barrière étaient chironés, et M. Morgan nous assurait qu'il se sentait dans la position « d'une poule
qui danse sur un gril de fer rouge, » tandis qu'il faisait feu avec toute la rapidité possible. Déjà il avait tué
plusieurs peccaris, mais la rage de ceux qui restaient
semblait s'accroître. Tout-à-coup il sentit le bois de la
barrière fléchir sous ses pieds. Avant qu'il eût pu chercher un point d'appui, il se trouva étendu sur le
dos, au milieu du cannier situé par-delà. Se relever
et se sauver encore, avait été pour M. Morgan l'affaire
d'une minute. Il était enfin parvenu à rejoindre l'habitation sans se trouver sur la route des enragés peccaris.

Nous nous hâtâmes d'achever notre déjeuner, et,
mettant les morceaux les uns sur les autres pour aller
plus vite, nous fîmes sur-le-champ nos préparatifs de
manière à retrouver l'ours, qui était pour MM. Morgan
un voisin plus dangereux que les peccaris.

Tous trois nous montâmes à cheval, précédés par
un nègre qui sonnait d'une trompe creusée dans une
corne de vache, dans le but, disait-il, d'effaroucher
cette « vermine de porcs. »

La meute des chiens était superbe. Tous étaient
dressés à la chasse à l'ours et appartenaient à une
race croisée de boule-dogues et de chiens courants.
Leur peau portait les traces de blessures faites par les
boutoirs des peccaris et les ongles formidables des

·ours. Tout en avançant dans la direction de la chasse
·projetée, M. Morgan me donna les instructions nécessaires pour éviter une rencontre fâcheuse avec les
peccaris. Il me recommandait surtout de ne pas résister et de fuir, à moins que je ne voulusse faire échar-
per mon cheval, et risquer d'avoir les jambes décou-
sues. Naturellement, je promis d'être fort prudent,
mais les hurlements et les aboiements joyeux des
chiens chassèrent bientôt de ma mémoire le souvenir
même du dangereux gibier que nous allions attaquer.

Nous avions atteint les canniers, et nos chevaux
avaient toutes les peines du monde à se frayer un
chemin au milieu des lianes et des vignes qui s'entre-
laçaient et rendaient le passage impraticable. Un
lézard-iguane aurait lui-même éprouvé une grande difficulté à se glisser dans les sentiers où nous poussions
nos montures. Aussi longtemps qu'il nous fut possible
de rester dans les passes, tout alla bien. Nous suivions avec ardeur les limiers qui donnaient des coups
de gueule formidables, mais tout-à-coup un bruit
terrible se fit entendre devant nous, accompagné de
hurlements à faire dresser les cheveux sur la tête.
Chacun de nous alors se laissa aller à son inspiration
et prit le chemin qu'il crut le plus favorable pour avoir
l'occasion de tirer sur l'ours, car c'était bien là l'animal que chassait la meute.

Le cheval sur lequel j'étais monté s'élança au plus
épais du fourré, se livrant à des écarts qui réclamaient toute mon habileté d'écuyer pour ne pas être
jeté à bas. Pendant ce temps-là, l'ours faisait tête aux
chiens, dans un endroit voisin de celui où me je trou-

vais. Tout d'un coup, il se précipita en avant et passa
à quelques pas de moi sans que je pusse l'apercevoir,
à cause de l'épaisseur du rideau de verdure qui le
cachait à ma vue. Dans ce moment, mon cheval devint
furieux ; il me fut impossible de le diriger, et je me
sentis enlevé de ma selle par les lianes qui m'enla-
çaient de toutes parts. Heureusement, j'eus la présence
d'esprit de tirer fortement les rênes, et je retrouvai
mon équilibre, sans songer même aux contusions que
je venais de me faire. Le choc m'avait forcé à comprendre réellement la position perplexe dans laquelle
je me trouvais, et je songeai alors à me faire jour dans
le fourré au moyen de mon couteau de chasse.

Dans ce même moment, l'ours, qui avait rencontré
sur ses pas mes trois camarades de chasse, revint
de mon côté poursuivi par les chiens, brisant et
arrachant sur son passage les cannes et les lianes.
Mon cheval fut alors saisi d'une terreur qui le rendit
plus furieux que la première fois. Il piqua en avant, mais
tournant et retournant pour se dégager, il se trouva
bientôt, pris dans un filet formé d'arbustes grimpants
de toute espèce, dont la solidité eût défié le bras nerveux d'un Samson ou d'un Hercule. Dans ce moment
suprême, l'ours repassa devant moi, harcelé par les
chiens, qui le mordaient avec rage.

En voyant l'animal féroce, le premier qui s'offrait
peut-être à sa vue, mon cheval se mit à reculer avec
une force nerveuse telle, que je me sentais suffoqué
et étouffé par la pression des lianes qui s'opposaient
à ma retraite hors du fourré. A grands efforts, et en
perdant la manche entière de mon habit, dont les

ambeaux restèrent accrochés aux ronces du cannier,
je parvins à dégager mon bras, et mon *bowie knife*
luidant, je coupai tant de branches, que je parvins à
sortir tout-à-fait du labyrinthe au milieu duquel je
me trouvais. A ce moment, je pus prêter l'oreille au
concert formidable de hennissements, de hurlements,
d'aboiements et de glapissements que nous donnaient
les chevaux, les chiens et l'ours qui faisait tête à ses
ennemis. Je m'avançai de mon mieux dans la direction
du combat, qui paraissait avoir lieu au pied d'un
arbre gigantesque. J'entendais distinctement les cris
de mes hôtes, qui, comme moi, arrivaient vers le
centre des opérations.

Tout-à-coup M. John Morgan et moi nous perçâmes
la haie de cannes qui masquait la vue à chacun de
nous. Au milieu d'un espace vide d'environ dix
mètres, qui avait été fauché par les combattants, nous
aperçûmes l'ours cherchant à se hisser sur le tronc de
l'arbre. Les chiens, qui se sentaient appuyés par
l'approche des chasseurs, avaient fait un élan suprême
contre leur ennemi, ils coiffaient littéralement l'ours
devenu furieux. Nous essayâmes inutilement, M. Morgan et moi, de trouver un endroit sur la peau de
l'ours pour loger une balle ; nous avions peur de
tuer les chiens.

Du temps que nous hésitions ainsi à faire usage de
nos armes, pendant que l'ours secouait les chiens à
droite, à gauche, dans tous les sens, un troupeau de
peccaris parut tout-à-coup, et chargea simultanément l'ours, les chiens et les chasseurs. Les cris,
les hurlements, le sauve-qui-peut général, rien ne

saurai être compris par ceux de mes lecteurs qui n
se sont pas trouvés dans une situation analogue. Le
chiens, la queue entre les jambes, se précipitèrent d
notre côté; l'ours, que les morsures rendaient enrag
se démenait comme pourrait le faire un diable dan
l'eau bénite, et des pieds et des dents, il répanda
aveuglément la mort autour de lui.

Le premier sentiment éprouvé par nous quatre avai
été de la stupeur, mais bientôt la conscience du dan
ger que nous courions nous réveilla de notre torpeu
momentanée :

— « Sauve-qui-peut ! s'écria M. Morgan d'une voix
qui exprimait la colère et le fou rire; son frère et le
nègre qui nous avait suivis se joignirent à lui pour
crier : « les peccaris ! les peccaris ! » fuyons ! sauve-
qui-peut ! »

A ce cri insolite, se joignit le bruit de la décharge
de nos carabines au milieu du cannier, où les peccaris se livraient à une course désordonnée. La rapidité de nos chevaux activée par la frayeur plus
encore que par nos éperons, nous ramena bientôt à
la plantation de M. Morgan. Là, je pliai soigneusement dans ma valise l'habit de chasse qui devait me
rappeler, au besoin, ma première rencontre avec les
peccaris américains.

Peu de temps après cette aventure, je m'embarquai
à Galveston pour retourner à la Nouvelle-Orléans, et
de là au nord des Etats-Unis. Le soir, dans la cabine
du steamer *the Star of the West*, un pionnier de
l'ouest du Texas, qui avec ses amis était assis autour
d'une table sur laquelle s'étalaient de nombreux verres

remplis de brandy-punch, leur racontait une histoire
de chasse aux peccaris que je me plais à repro-
duire ici, sténographiée mot pour mot.

« Je me trouvai, disait le chasseur texien, chez un
de mes amis, fermier à Trinity-Swamp. Vous savez
que nous autres planteurs nous sommes très amateurs
de chasse, aussi mon ami et moi nous passions toutes
nos journées la carabine en main. Un matin, me promenant seul sur la lisière d'un bois, je rencontrai un
troupeau de peccaris. J'ignorais alors le caractère
vindicatif de ces maudits cochons sauvages, aussi je
tirai imprudemment sur l'un d'eux et je le tuai. Voilà
aussitôt le reste de la bande qui court sur moi et
m'attaque à coups de boutoirs. J'eus beau me défendre
à l'aide de la crosse de ma carabine, dès qu'un des
assaillants roulait à terre un autre prenait sa place.
De guerre las, je m'élançai vers un tronc d'arbre
légèrement incliné, et me pendant à l'une des branches,
je me hissai bientôt jusqu'à une fourche élevée à près
de cinq mètres au-dessus du sol.

» J'étais là, je le confesse, dans une position très
pénible. Une heure, deux heures, trois heures se passèrent ; aucun secours ne m'arrivait, et mes terribles
assiégeants entouraient l'arbre où je me trouvais perché à l'exemple de saint Siméon Stylite sur sa colonne :
ils ne paraissaient pas avoir la moindre envie de se
retirer. Tout-à-coup une idée me passa par la tête :
peut-être mon ami me cherche-t-il, me dis-je ; si je
tire un coup de carabine, il m'entendra et viendra me
délivrer. Tout en lui faisant cet appel, ne pourrais-je
pas mettre ma poudre à profit et tuer un de ces sata-

nés peccaris? Sur-le-champ je mis ma pensée à exé-
cution, et le plus gros de ces animaux roula au pied
de l'arbre dans les convulsions de l'agonie. Une première idée en amène une autre. J'ai vingt balles dans
ma gibecière et je ne compte que dix-neuf peccaris
encore sur pied autour de moi, me dis-je. Rien n'est
plus facile que de les tuer tous les uns après les
autres, comme je l'ai fait du premier. L'exercice à feu
commença, et sans cesser je me mis à charger et à
tirer, poussant à chaque victoire un « hurrah! » qui faisait retentir les échos de la forêt. Enfin, cette fusillade
incessante attira mon ami, et au moment où il apparut à mes yeux, je venais d'abattre le dernier peccari.
Vous jugez quelle fut sa stupéfaction à la vue du massacre dont j'étais l'auteur. »

Toutes les personnes à qui le Texien faisait ce récit
y avaient pris un fort grand intérêt, et félicitèrent le
chasseur de son habileté au tir.

Deux mois après, je descendais le Mississipi de Saint-
Louis à la Nouvelle-Orléans, à bord du steamboat
Black-Eagle, et mon chasseur texien se trouvait par
hasard au nombre de mes compagnons de voyage. Le
soir, les passagers, pressés autour du poêle, devi-
saient politique, affaires commerciales et aventures de
chasse. Mon Texien (c'est alors que je le reconnus) se
garda bien d'oublier ses peccaris. Je ne fus pas non plus
le seul à me rappeler que j'avais déjà ouï la narration
de ses exploits; mais quelle ne fut pas ma surprise
lorsque j'entendis la variante que voici :

« Une heure, deux heures, trois heures se passent :
aucun secours n'arrive : j'étais très mal à mon aise

hysiquement et moralement. Je cherchai à faire un
mouvement pour changer de position, mais je perdis
équilibre et je tombai. Heureusement, je laissai
échapper ma carabine, j'étendis le bras et je saisis une
branche. Je me trouvai donc suspendu d'une manière
très gênante; mes pieds n'étaient plus qu'à environ
cinq pieds de terre, et je voyais les peccaris bondir
autour de moi pour me saisir et me déchiqueter. Par
bonheur leurs efforts furent vains. Je me croyais
sauvé; mais voyez jusqu'où peut aller l'instinct de
ces animaux. Plusieurs d'entre eux se couchèrent sur
le ventre; d'autres montèrent sur leur dos; à eux
tous ils formèrent une sorte d'escalier sur lequel un
énorme peccari s'élança à l'assaut et me happa par le
talon du pied droit. Je résistai avec l'autre jambe, et je
ruai comme un cheval. Durant la lutte, l'escalier vivant
s'écroula, et voilà mon peccari suspendu lui-même par
ses boutoirs à mon pied, tandis que ses compagnons
grouillaient autour de nous et grognaient à ne pas
s'entendre. C'était un bruit infernal. Mes bras commençaient à se fatiguer; je voyais avec terreur le
moment où il me faudrait lâcher la branche. Tout-à-
coup une détonation retentit à mes oreilles. La commotion me fit tomber; je roule sur l'enragé peccari :
il était mort! — Mon ami, survenu à point, l'avait
tué net. Ramassant aussitôt ma carabine, je me joignis
à lui, et à nous deux, nous eûmes bientôt raison de
nos ennemis; il resta vingt-cinq peccaris sur le
champ de bataille. »

) Cette narration, faite avec un aplomb impertur-
table, une mise en scène parfaite, accompagnée de

gestes expressifs et débitée au moyen d'une voix émue,
avait réellement fait pâlir plusieurs auditeurs du
Texien, ceux surtout qui n'avaient jamais été initiés à
la vie des bois.

A quinze jours de là, — bizarre rencontre ! — parmi
les passagers du steamboat *Red-Rover*, qui remontait
le Mississipi jusqu'à Saint-Louis, je retrouvai mon
chasseur texien. Un groupe nombreux de Kentuc-
kiens l'entourait et prêtait l'oreille à une histoire de
chasse. Je fis comme eux, mais jugez de mon étonnement, de ma stupéfaction, lorsque j'entendis le conteur faire subir à son histoire une nouvelle transfor-
mation.

— « Une heure, deux heures, trois heures se passent, dit le chasseur, aucun secours n'arrive, et je
sens que mes forces s'épuisent. J'aurais bien cherché
à tuer tous les peccaris, mais malheureusement, pour
grimper sur l'arbre j'avais jeté ma carabine à terre.
Que faire ? J'allais m'abandonner au désespoir, sauter
au milieu de mes assiégeants, et faire une sortie désespérée, lorsque tout d'un coup mon ami parut
devant moi. Dès qu'il me vit dans cette position terrible, sans même réfléchir au danger qu'il allait courir, il coucha en joue le plus gros peccari, fit feu et le
tua. Aussitôt la bande se retourna contre lui et poussa
des grognements terribles. L'instinct de la conservation poussa mon ami à m'imiter, il grimpa sur le premier arbre venu. Je descendis alors, pendant que les
peccaris sautaient au pied de l'arbre où mon ami était
perché ; je m'emparai de ma carabine, je la chargeai et
j'envoyai une balle à l'adresse de l'un des animaux.

Ils se ruèrent alors sur moi ; mais prompt comme un écureuil, je regagnai ma branche. Mon ami descendit à son tour, prit son *rifle* s'avança à portée, tua un de nos adversaires et remonta sur son arbre. Je redescendis, je rechargeai, je tuai un autre peccari, et je fus de nouveau poursuivi ; mais je parvins encore sain et sauf sur ma branche. Que vous dirai-je, Messieurs ? quinze fois je répétai cette manœuvre, mon ami en fit quinze fois autant, et ces animaux stupides ne manquèrent jamais de courir au dernier qui avait tiré sur eux. Quand nous eûmes tout abattu, nous comptâmes : Il se trouvait exactement quinze peccaris au pied de mon arbre, et quinze autres devant celui où mon ami avait cherché un refuge. »

L'imagination féconde du chasseur du Texas dépassait véritablement ce que j'aurais pu rêver dans ce genre ; je m'informai auprès du capitaine du steamboat, qui paraissait connaître intimement le conteur, du lieu de sa naissance, et j'appris que ce héros des bois avait vu le jour sur les rives de la Wabash. J'étais édifié et mes lecteurs le seront comme moi, lorsque je leur dirai que le Wabash n'est ni plus ni moins que la Garonne de l'Amérique du Nord.

V

Le Diable.

L'un des poissons les plus extraordinaires de la création, est sans contredit le *Diodon*, appelé par quelques
naturalistes « le vampire des mers » (*cephalopetera
vampirus*), et par d'autres d'un nom plus fantastique
encore, quoique très-usité de nos jours surtout : « le
diable. » Ce dauphin, monstre bizarre, est d'une force
incroyable et d'une agilité sans pareille. Sa bouche, démesurément large, est ornée de deux barbes longues de
trois à quatre pieds, dont il se sert pour manger, ainsi
que le fait un éléphant de sa trompe.

Dans les eaux qui baignent les côtes de la Caroline
du Nord, comme aussi sur les rivages de la Caroline
du Sud, où le pêcheur fait la chasse à ce poisson monstrueux, il n'est pas rare d'en rencontrer des bandes
composées de cent à cent cinquante individus.

Sur les côtes de France, le diable est un poisson rare.
C'est à peine si tous les deux ou trois ans, les pê-

cheurs de la Bretagne et ceux du littoral de la Manche
parviennent à s'emparer d'un « diodon. » Tout aussitôt les journaux contiennent un article pareil à celui-ci :

« Le 25 avril dernier, à la poissonnerie d'Evreux, la curiosité publique était éveillée par l'exhibition d'un poisson assez bizarre ; monstre marin dont la grosseur et la fabuleuse hideur étaient fort remarquables. Il s'agissait d'un *diable*, phénomène ichtyologique vraiment digne de ce nom, à cause de sa gueule armée de dents innombrables. Callot avait rêvé quelque chose de semblable lorsqu'il grava sa *Tentation de saint Antoine.*

« Ce diable avait été pêché à Trouville, où les échantillons de son espèce sont l'objet de l'animadversion des pêcheurs, à cause de leur voracité et de la quantité de poissons qu'ils détruisent. Cependant il n'ingurgite pas directement ses victimes : deux orifices placés aux côtés de la tête lui servent à engloutir sa pâture, qui pénètre par deux larges conduits entre ses mâchoires vigoureusement armées. »

La longueur de ce dauphin gigantesque est habituellement de vingt-cinq pieds, et quoique Le Vaillant ait écrit, dans un des chapitres de son *Voyage en Afrique,* qu'il avait pêché des diables longs de cinquante pieds, je dois dire que le plus grand diable que j'aie jamais vu, n'avait que dix-huit pieds de longueur, et qu'il me parut « assez grand » tel qu'il était.

Les écailles du diable sont de couleur bleue, brillantes comme des saphirs, disposées en mosaïque. Cet azur miroitant s'étend de la tête à la queue sur l'échine, dont le sommet est presque noir. Trois bandes noires étagées se détachent diagonalement du sommet du dos et vont se perdre dans la blancheur des écailles du ventre.

Les barbes du diable ont une force telle, qu'il n'est pas rare, lorsque ce poisson parvient à s'attacher à la coque d'une barque, de la voir s'enfoncer, attirée par la succion dans les eaux de l'abîme salé.

J'ai vu, devant l'habitation d'un planteur de la Caroline bâtie au bord de la mer, un banc de ces méchants diables , porté par le ressac auprès d'une haie d'épieux, enfouis dans le sable à la marée basse afin d'empêcher les envahissements de la mer, arracher un à un les troncs d'arbres dont cette haie était formée, et les entraîner en pleine mer.

M Stiltman, propriétaire de la plantation, témoin de cette destruction imprévue de l'une des *fences* de sa terre, résolut de se venger en se donnant en même temps le plaisir de sa vengeance. En conséquence, il donna l'ordre à quelques-uns de ses nègres de préparer la chaloupe destinée à l'usage de la pêche, et dès que tout fut prêt, nous nous embarquâmes, lui, moi et trois nègres, à bord de la péniche américaine.

— Allons, Pluton, disait le maître à l'un de ses esclaves, attention, mon habile harponneur, fais en sorte de choisir le plus gros poisson au milieu de cette bande de diables, le chef en un mot, et ne va pas le manquer au milieu des autres.

— Oh! comptez sur moi, massa, répondait Pluton, qui, debout sur l'avant de la chaloupe, le trident en main, ressemblait à s'y méprendre au dieu de la mythologie son homonyme. J'espère vous donner du plai-

sir à massà votre ami et à vous. Gare aux diables! je
suis plus fin qu'eux!

Et ce disant, maître Pluton assumait un air à la fois
belliqueux et narquois qui nous faisait sourire.

Les deux autres nègres ramaient avec énergie, mais
dès qu'ils nous eurent fait sauter par-dessus le ressac,
ils se mirent à nager plus doucement, puis, tout d'un
coup, ils s'arrêtèrent simultanément.

C'était Pluton qui avait donné à ses camarades le
signal de la halte.

Notre esquif se trouvait au milieu d'un banc de diables. Soudain, ce harponneur émérite s'élança en
avant hors du bateau, et nous le vîmes tomber sur
l'échine d'un énorme poisson, au milieu de laquelle pénétra le trident, dont la force avait été centuplée par
la pesanteur du corps du pêcheur nègre. A ce trident
attenait un câble fort long; aussi, sans s'occuper davantage de ce qu'allait devenir sa victime, Pluton revint à la nage vers la chaloupe. Saisissant le bordage et
se soulevant par la force de ses bras musculeux jusqu'à la hauteur de sa poitrine, il fut réintégré à notre
bord par ses deux camarades.

Pendant que tout ceci se passait sous nos yeux, le
poisson harponné fuyait devant nous comme un cheval
lancé au galop. Le câble enroulé dans la chaloupe se
dévidait avec la rapidité de l'éclair. Bientôt, quand
toute la corde eut été lâchée, notre barque se trouva
remorquée en dedans du ressac. Le diable ne pouvait
aller bien loin; il rencontra le sable, et donnant un
suprême coup de queue, il alla échouer sur la rive.
Là, malgré les sauts et les soubresauts auxquels le

poisson monstre se livrait, nous le vîmes perdre son sang et retomber sans vie au milieu d'une flaque d'eau.

Notre diable, ou plutôt celui dont Pluton avait été l'heureux vainqueur, mesurait 18 pieds de la tête à la queue : ses barbes avaient environ 95 centimètres de long, et son aspect général offrait un ensemble colossal et fantastique qui me remplissait à la fois de répulsion et d'étonnement. C'était, il est vrai, le premier diable que je voyais de si près.

Dès le lendemain, nous retournâmes à la pêche : M. Stillman ayant été averti que huit diodons avaient été aperçus au moment où ils entraient dans la baie de Hilton-Head, à deux milles de sa demeure, il fut résolu sur-le-champ que nous irions encore leur donner la chasse.

Pluton était naturellement notre pilote obligé.

Nous voilà donc partis par le même chemin sur la route liquide. Nous avancions très-vite, grâce aux efforts de nos deux rameurs vigoureux ; mais, une fois arrivés sur les lieux, à notre grand désappointement, la surface de la mer nous apparut, depuis l'île Pinkney jusqu'au cap Skull, aussi lisse que le bassin des Tuileries lorsque les cygnes se sont retirés dans leurs petites cabanes badigeonnées de vert.

Tout à coup, Pluton, dont la vue rapprochait les objets mieux que ne l'eût fait un télescope, poussa un cri guttural suivi de ces mots : « Hurrah! Là-bas, voyez-vous ce grand diable! » Et en effet, au milieu de la baie, un énorme poisson venait de hisser son échine, qui ressemblait à s'y méprendre à un rocher

surgissant tout d'un coup du fond de la mer par suite
d'une boursouflure volcanique.

Je priai M. Stiltman de vouloir bien me laisser essayer le harpon, au risque de manquer le diable et
d'empêcher sa prise.

Pluton, qui doutait plus que personne de mon habileté, hésitait à me confier l'instrument meurtrier ;
mais un coup d'œil que lui décocha son maître suffit
pour le décider, et le fourbe consentit même à m'adres-
ser l'un de ses plus gracieux sourires, à sa manière.
Sans dire un mot, il me tendit le trident et me céda la
place sur la proue de la chaloupe.

Je m'installai de mon mieux, le jarret tendu, l'œil
en feu, le harpon à la main, — dans la pose du Romu-
lus de David, — et j'attendis le moment favorable.
Mon cœur palpitait comme à un premier rendez-vous
d'amour ; on l'entendait battre dans ma poitrine, car
nous observions le plus profond silence, et la mer était
calme et limpide comme le sont les eaux d'une lagune.

J'apercevais le poisson à vingt pas devant nous,
mais tout d'un coup il s'enfonça mollement dans l'eau
et disparut à mes yeux. La chaloupe s'arrêta, et chacun de nous cherchait à sonder la profondeur de la
mer pour y découvrir ce diable maudit qui se dérobait
ainsi à nos regards.

— « Ah ! m'écriai-je à mon tour, le voici à tri-
bord ! »

Et les rames, un instant suspendues, retombèrent
doucement dans l'eau. La chaloupe tourna sur elle-
même.

J'étais prêt au combat : brandissant mon harpon, je

le lâchai soudain, le lançant de toute ma force pour le voir disparaître dans la mer.

Hélas! j'avais frappé le diable à la queue, et je l'avais manqué : le poisson gigantesque, sans paraître faire aucune attention à notre présence dans ses eaux, cabriolait autour de la chaloupe, nous montrant tantôt son échine azurée et tantôt son ventre argenté.

Les deux nègres rameurs faisaient tourbillonner le frêle esquif, tandis que Pluton, le sourire sur ses lèvres épatées, retirait de l'eau le harpon et enroulait de nouveau la corde sur les planches du tillac.

J'avais repris ma position, résolu d'avoir ma revanche, et de ne plus mériter les sarcasmes silencieux du moricaud Pluton. J'attendais donc le moment propice, lorsque tout d'un coup j'aperçus devant moi, à quinze pas, l'échine noire du diable. Aussi rapide que Jupiter lorsqu'il lança la foudre, j'avais jeté mon harpon, qui siffla dans l'air et s'enfonça à l'endroit même où, plus rapide que la pensée, mon poisson venait de disparaître à ma vue.

— Encore manqué! s'écria M. Stiltman.

— Mais non, regardez plutôt, dis-je à mon tour.

En effet le câble se déroulait avec rapidité, et notre embarcation filait comme si elle avait été entraînée par un courant irrésistible. Après avoir ainsi parcouru près de deux milles en pleine mer, notre chaloupe s'arrêta tout d'un coup en vue d'un îlot appelé *Paris-Island* (l'île de Paris).

Le diable était mort selon toute probabilité; il s'agissait de revenir à notre point de départ. Peter et Jack, les deux nègres reprirent les rames sur l'ordre

de Pluton et nagèrent avec vigueur du côté de la terre
ferme.

Au bout de quinze minutes, nous ensablions notre
barque près d'une langue de terre appelée dans le pays
Bay-Cape (le cap de la Baie), et, sautant tous sur le
rivage, nous nous attelâmes au câble pour amener le
poisson hors de la mer.

Une secousse imprévue nous jeta soudain par terre.
Heureusement nous n'avions pas abandonné la corde,
et quoique entraînés dans l'eau nous tenions bon :
moi surtout, je faisais des efforts surhumains. Je voulais mon diable mort ou vif. Il me le fallait à tout prix.

Percé d'outre en outre par le harpon, le poisson
perdait tout son sang, mais un reste de force lui donnait le pouvoir de faire voler l'eau en nappes immenses
qui nous inondaient le corps. Cette agonie devait cependant avoir une fin, et quand le diable toucha le
sable de la baie, il avait cessé de vivre.

Sans être aussi énorme que celui que Pluton avait
harponné la veille, il n'en mesurait pas moins quinze
pieds. C'était un assez joli coup de trident, surtout
pour un novice.

Je le confesse en toute humilité, la joie de mon
triomphe m'avait transporté. Je me trémoussais comme
doit le faire un possédé du diable, et pour compléter
le tableau, emporté par les élans de ma démence pas-
sagère, je saisis le trident d'une main et je m'élançai
debout sur le ventre de l'énorme diodon, assumant la
même position, —assurait M. Stiltman, — que celle
de l'archange saint Michel lorsqu'il terrassa le diable.

O Raphaël ! divin Sanzio ! je n'étais que ton pla-
giaire !

Enfin la raison me revint : je pus examiner à loisir
et immense poisson qui gisait à nos pieds.

Jacet ingens littore truncus,
... Et sine nomine corpus.

Mais une particularité qui me frappa surtout, ce fut
le voir, pareils à des sangsues, une demi-douzaine de
ucking fishes (remora), vulgairement appelés pilotes,
ttachés au ventre du diodon.

Pluton et M Stillman se chargèrent de m'expliquer
que ces poissons suceurs vivaient en parasites au mi-
ieu des troupes de diables, se nourrissant des débris
abandonnés par les grands poissons, et usant de leur
aculté aspirante pour se fixer sur le corps de leur
énorme camarade, afin sans doute de ne pas le perdre
le vue, de profiter de sa société et des bénéfices y an-
nexés.

Quelques jours après la pêche merveilleuse dont j'a-
vais été l'heureux vainqueur, M. Stillman, le pêcheur
e plus « endurci » que j'aie jamais connu dans l'ancien
omme dans « l'autre monde, » me proposa, après déjeuner, d'aller encore chasser une troupe de diables
qui paissaient les algues marines dans les environs du
ap de la Baie. Un nègre de sa plantation, en revenant
de la pêche aux crabes et aux huîtres pour la provision
de la table du maître, avait aperçu les diodons et s'é-
ait hâté de nous en prévenir. Rien n'était plus facile
cette fois que de nous transporter avec rapidité vers

l'endroit désigné. Le nègre avait laissé la barque amar-
rée au rivage et n'avait fait qu'une course pour arriver
plus vite.

Un wagon fut attelé sur-le-champ ; on y entassa
l'un sur l'autre, Pluton, son camarade et un autre
moricaud, porteur du harpon et du câble. M Stiltmars
s'empara des guides ; je pris place à ses côtés, et nous
partîmes avec la vélocité d'une machine à vapeur.
Dix minutes suffirent aux chevaux pour nous conduire au port où la chaloupe nous attendait, et, en
moins de temps qu'il n'en faut pour le raconter ici,
nous étions embarqués, la proue tournée vers une dizaine de diables qui folâtraient à un demi-mille devant
nous.

L'atmosphère était brumeuse, et le soleil faisait de
vains efforts pour percer des nuages épais qui voi-
laient par intervalle ses rayons. Malgré l'humidité, en
dépit des vagues clapotantes, nous avancions vers le
but ; les diables paraissaient nous attendre. Tout à
coup, un brouillard épais à ne pas y voir à trois pas
devant soi nous enveloppa comme par enchantement.
Nul ne s'était aperçu des pronoctics ordinaires de ces
phénomènes atmosphériques. Nous nous trouvions
enveloppés de toutes parts, comme Vénus et le dieu
Mars dans les filets de Vulcain, position fort embarras-
sante, quoique diamétralement opposée. Pour combler
de malheur, nous n'avions pas de boussole à bord, et
malgré notre bon désir à tous, aucun de nous ne pouvait deviner de quel côté se trouvait le rivage.

Inutile de dire que le brouillard nous avait fait
perdre les diables de vue. Les eussions nous mêmes

aperçus, je ne crois pas qu'aucun de mes camarades eût songé à les harponner. Il s'agissait de notre salut et non pas de notre plaisir.

Sur les côtes de la Caroline du Nord, un brouillard subit comme celui qui nous enveloppait de ses rideaux moites et glacés, est ordinairement le précurseur d'une bourrasque, d'une tempête même. Nous n'avions donc qu'un parti à suivre, celui de regagner le bord le plus rapproché.

M. Stiltman et Pluton tinrent conseil : chacun d'eux se baissa le long du bord ; on arrêta la chaloupe, les rames restèrent suspendues en l'air, afin d'examiner de quel côté venait la vague et par conséquent d'où souflait le vent. Après quelques instants d'hésitation, M. Stiltman fit virer de bord, et les deux nègres se mirent à ramer avec toute l'énergie que donne la peur d'un danger.

Tout paraissait donc aller pour le mieux : l'espoir était revenu dans notre âme, et à part moi qui éprouvais de fâcheux symptômes d'un malaise passager occasionné par le mouvement de la barque, rien ne semblait devoir troubler notre sécurité.

Mais, hélas! j'en frémis encore quand j'y songe, nous avions compté sans l'imprévu, cette épée de Damoclès que la Providence tient toujours suspendue sur la tête des hommes.

Au moment où nous y songions le moins, un bruit insolite se fit entendre à bâbord. On eût dit un monstre de taille gigantesque qui soufflait à pleins poumons et dont le corps énorme déplaçait un volume d'eau qui

augmentait le remous et redoublait en même temps
mon mal de mer.

De quel côté venait le danger ? Quel était ce danger ?
Voilà quelles étaient les questions que nous nous
adressions les uns aux autres. Le bruit redoublait, l.
péril était imminent, notre anxiété sans pareille, lorsque
que tout d'un coup M. Stiltman s'écria :

— Oh! mon Dieu! nous sommes perdus ! Un steamer, là, près de nous; ils ne nous voient pas. C'est fait
de nous ! prions !

En effet, devant nos yeux, à quelques brasses, la
proue menaçante d'un navire à vapeur se hissait ?
masse énorme qui allait retomber sur nous pour nous
briser comme l'eût fait un marteau d'un brin de paille.

J'avais mentalement recommandé mon âme à Dieu ?
songé à ma mère et à tous ceux qui m'étaient chers.
C'était fait de moi! Je fermais les yeux afin de ne pas
voir la mort de trop près.

Tout d'un coup une voix me rendit à moi-même ;
c'était celle d'un matelot qui criait en anglais :

— Ohé! de la barque! où allez-vous? Butors! s....
imbéciles! vous n'y songez donc pas! voulez-vous
donc être écrasés !

Et en même temps M. Stiltman, Pluton et ses deux
camarades hélaient le navire, et demandaient secours.
Il était temps : notre chaloupe, frôlée par le steamer
n'avait rien de brisé, mais la vague l'avait remplie
d'eau : nous allions sombrer.

Heureusement le capitaine du steamer était un
homme compatissant; il avait fait arrêter la machine et
virer de bord. Pendant ce temps-là, une embarcation

était jetée à la mer en toute hâte ; elle nous accostait quelques minutes après, et non sans quelques difficultés, nous étions arrimés le long du navire à vapeur et enfin hissés à bord.

Le capitaine du steamer nous prodigua tous les soins que réclamaient notre position : on nous donna des habits secs et du grog brûlant, et quand, après nous être remis de nos émotions diverses, M. Stiltman, demanda à notre sauveur quelle était la destination de son navire, grande fut notre stupéfaction en entendant dire à M. Danielson qu'il allait à la Havane.

— Ah ! répondit froidement M. Stiltman ; mais ne vous arrêtez-vous pas en route ?

— Si fait, à Key-West.

— Bon ! très-bien ! je descendrai dans ce port de mer. Quel est le nom de votre steamer, capitaine ? ajouta mon hôte.

— Le *Diodon*, pour vous servir.

— Ah ! bah ! c'est drôle! Allons, fit M Stiltman en riant de bon cœur, je ne m'attendais pas, moi qui suis le plus grand ennemi des diodons de Hilton-Head, qu'un diodon me sauverait la vie. C'était écrit : Dieu est grand !

VI

Le cheval sauvage.

J'ai deux fois visité les Prairies et vécu au milieu
es Indiens pendant mon séjour aux Etats-Unis. Lors
e mon second voyage dans la savane américaine, nous
ous trouvions, un matin du mois d'octobre 1848, le
ong d'une chaîne de montagnes abruptes et pelées qui
s'abaissaient en forme de vallée et au milieu de laquelle
oulait, comme un ruban d'argent, un ruisseau pois-
onneux bordé par une belle pelouse émaillée de fleurs.
De loin en loin, sur le penchant des montagnes qui
bordaient le vallon, s'élevaient quelques arbres au feuillage frais et brillant, dont les troncs étaient recouverts
de mousse émeraude, et sur lesquels notre vue se
reposait avec délices, car ils faisaient contraste avec
la monotonie de la vaste solitude que nous avions traversée, après avoir quitté les rives fangeuses du Mississipi.

On aurait dit un jardin anglais tracé par un des plus
habiles horticulteurs de la Grande-Bretagne.

A l'horizon, nos yeux découvrirent une *manade*
chevaux sauvages (1) qui paissaient tranquillement ɲ

(1) La race des chevaux sauvages qui existe actue.
ment en Amérique y a été introduite par les Europée
Elle descend des chevaux qui formaient la cavalerie
Cortez. C'est donc une race d'un sang pur, car les bé
espagnoles provenaient elles-mêmes de la race arai
Dans les premiers siècles après la colonisation, ces a
maux se vendaient à des prix fort élevés. Antonio de ll
rera dit qu'un cheval, au Chili, coûtait alors 1,000 pi;
tres ; Garcilasso de la Vega raconte que cet animal é1
considéré, au Pérou, comme une richesse; qu'un père
transmettait à son fils par héritage, ce qui revenait à
don de 3 ou 4,000 piastres. Mais, au commencement
ce siècle, la race s'était tellement accrue en Amériqt
que les Espagnols faisaient leurs remontes de cavale
avec des chevaux dont le prix, en moyenne, était de
piastres.
Aujourd'hui, on trouve le cheval sauvage errant
troupes innombrables dans les pampas de l'Amériq
méridionale, sur les plateaux de New-Mexico, et sur l
côtes du Texas. Pour preuve de leur nombre considérab.
Azara cite ce fait que, pendant une grande sécheresse ʻʒ
régna dans les pampas, on trouva sur les bords du ʃ
rana, à une seule place, plus de 1,000 cadavres de ch
vaux : ils avaient été poussés là par la soif ; à l'aspect
l'eau ils tombèrent dans une espèce de rage, et, se jeta
les uns sur les autres, ils entamèrent une lutte mo
telle.
Chez les chevaux sauvages, on rencontre les mêm·
nuances de poil que chez les chevaux dressés. Ils n'o
pas une taille élevée, mais ils sont très vigoureux et dou·
d'une énergie dont en Europe on ne se fait aucune idé
Ils accomplissent sans fatigue les plus longues courses·
Seulement, il faut bien se garder de les arrêter de toute
journée. La nuit, on les abandonne dans les forêts ; un pe
avant l'aube, on les reprend et on leur donne de l'eau ɩ
du maïs ; ainsi lestés, on les fait marcher tout le jour, san
manger ni boire, jusqu'à ce qu'ils atteignent le campe
ment où l'on passera la nuit ; à ce moment on leur donn

loin d'une vingtaine de bisons, dont les uns ruminaient couchés à l'abri d'un fourré de cotonniers, et les autres montaient la garde. Il nous eût été facile de croire avoir devant nos yeux les parcs d'un haras appartenant à un riche fermier du Lancashire.

Le chef des Peaux-rouges rassembla autour de lui, les meilleurs chasseurs de sa tribu et l'on tint conseil. Il fut résolu que l'on exécuterait la grande manœuvre appelée aux Etats-Unis, parmi les émigrants *of the far-west* (émigrants du lointain ouest), « *the wild horses ring* » (cercle des chevaux sauvages).

Cette chasse exige un grand nombre d'habiles cavaliers, qui, s'échelonnant dans toutes les directions à

derechef de l'eau et du maïs. Les animaux se trouvent très-bien de ce traitement ; on regarde même comme une chose nuisible de les nourrir dans la journée, et quand on passe un fleuve, on a soin de leur tenir la tête au-dessus de l'eau pour les empêcher de boire.

La manière de marcher du cheval d'Amérique est telle qu'il peut parcourir sans fatigue un long trajet L'Américain croit qu'il est absurde de faire trotter un cheval, et le sobriquet le plus injurieux est, dans ce pays : *irôton* (c'est à-dire *trotteur*). Leur marche est une espèce d'amble particulier, *sobrepaso*, comme on l'appelle ; elle consiste à lever les jambes de devant tandis que celles de derrière rasent presque le sol, ce qui empêche l'animal d'être blessé par la selle. Les courriers d'ambassade font ainsi une fois par mois le trajet de Mexico à Vera-Cruz, aller et retour, en 36 heures ; l'espace est de 63 milles géographiques.

La manière dont les gauchos se servent des chevaux sauvages pour passer les rivières est assez curieuse. Quand ils s'aperçoivent que l'animal n'a plus pied, ils se laissent glisser et se cramponnent à la queue. La bête veut remonter à la rive, mais le gaucho lui jette de l'eau dans les yeux, le cheval fait alors volte-face et reprend sa course vers l'autre bord.

une distance de cent pas l'un de l'autre, forment ainsi
un cercle de deux kilomètres.

Le plus grand silence est nécessaire, car les chevaux sauvages sont faciles à effaroucher, et leur
instinct est si grand, que le moindre souffle de vent
apporte à leur nazeaux les émanations de leurs ennemis, les Peaux-rouges du désert.

Dès que le cercle est formé, quatre chasseurs
montés sur de magnifiques chevaux, commencent à
courir sus dans la direction de la *manade*. Aussitôt
tous les animaux sauvages se précipitent dans la direction opposée. Mais toutes les fois qu'ils se disposent
à quitter la limite du cercle, le chasseur le plus rapproché se précipite à leur rencontre, et sa présence
inattendue effraye les nobles animaux et les contraint
à rebrousser chemin.

Mes lecteurs comprendront facilement quelle pouvait être cette course que notre plume va chercher à
décrire. Rien n'est plus magnifique à voir que ces
chevaux lancés au grand galop, repoussés de toutes
parts, et jetant par leurs naseaux des renâclements
si brusques, que les échos d'alentour avaient à peine
le temps de les répercuter et de se les revoyer de l'une
à l'autre montagne.

Les Pawnees qui m'avaient donné l'hospitalité
commencèrent par attacher solidement à des pieux
les chevaux de bât, de crainte qu'ils ne prissent la
fuite, entraînés par le mauvais exemple. Cinquante
Peaux-rouges, ayant à leur tête le chef de la tribu, se
glissèrent le long des bois qui bordaient les collines du
côté droit, traînant après eux leurs montures. Un même

ombre d'hommes se dirigea à droite, de l'autre côté
i ruisseau, tandis qu'un troisième groupe s'en allait,
i faisant un immense circuit. s'embusquer en ligne
arallèle vers la partie inférieure du vallon, dans le
it de se joindre aux deux ailes et de resserrer ainsi
cercle au milieu duquel les chevaux sauvages se
ouvaient circonscrits.

Cette habile manœuvre s'exécutait avec une précision
traordinaire, et la troisième ligne allait bientôt se réu-
r aux deux autres, lorsque la *manade* donna quelques
mptômes d'alarme. Les hennissements devinrent
us répétés ; ils aspiraient l'air avec force et jetaient
tour d'eux des regards pleins d'anxiété. Bientôt ils
lancèrent, au petit trot, derrière un bosquet de bois
cotonniers qui les cacha à nos regards.

Le chef de Pawnees qui se trouvait le plus rapproché
l'endroit où se passait la scène que je raconte allait
avancer lentement du côté de animaux, dans l'inten-
on de leur faire rebrousser chemin, lorsque trois
néricains, mes camarades de chasse, sortirent du
uvert qui les abritait et se précipitèrent en avant.

Cette sortie inhabile dérangea tous les plans des
aux-Rouges.

A l'aspect des hommes, les chevaux sauvages
élancèrent dans la vallée, poursuivis par les trois
néricains. qui hurlaient comme des démons.

Ce fut en vain que les Pawnees. qui formaient la
ne transversale, essayèrent d'arrêter les fugitifs et de
ur faire rebrousser chemin. Les animaux, si chaude-
ent poursuivis, forcèrent la ligne et s'échappèrent
long de la plaine.

En ce moment les Peaux-Rouges firent entendre leurs *whoops'* de guerre et lancèrent leurs montures au galop. La débandade devint générale.

Les bisons, qui jusqu'alors étaient restés paisiblement occupés à tondre le gazon de la prairie, semblèrent se consulter entre eux, puis, regardant d'un œil supris l'avalanche humaine qui se précipitait dans leur direction, ils se mirent eux-mêmes à fuir d'un pas rapide, galoppant vers un marécage situé au fond de la vallée.

Quant aux chevaux, ils suivirent un étroit défilé dans les montagnes, et tout disparut pêle-mêle dans un tourbillon de poussière, avec des cris, des hurras et un bruit qui aurait rivalisé avec les éclats de la foudre.

Les trois Américains et près de cinquante Pawnees étaient sur les talons des chevaux sauvages; mais aucun d'eux n'était encore parvenu à lancer le *lasso* avec succès.

Je dois avouer ici mon inhabileté comme écuyer, et je confesse que j'étais au nombre des retardataires, quoique monté sur une excellente jument, sur le dos de laquelle s'élevait une selle indienne, vrai fauteuil dans lequel je me prélassais sans craindre une chute. Mes pieds étaient solidement amarrés à d'énormes étriers mexicains, semblables à ceux des Turcs. J'aurais ainsi défié la plus terrible secousse.

Dans le nombre des chevaux de la *manade*, j'avais rencontré un magnifique cheval, noir comme les ailes d'une corneille, et je le serrais de près en compagnie de deux jeunes Pawnees qui m'avait été donnés pour

narades de chasse par le chef de la tribu. En
avissant le défilé, ce cheval glissa et tomba. Aussi-
, les deux Peaux-Rouges sautèrent à bas de leurs
ntures et saisirent l'animal par les naseaux et la
nière.

Le cheval luttait avec rage, frappait le sol de ses
ds de devant, ruait des deux soles de derrière ;
is, malgré ses efforts, mes deux compagnons lui
ssèrent un lasso autour du cou et lui fixèrent le
d droit de devant à une courroie qui le reliait au
d gauche de derrière.

Tandis que les autres chasseurs indiens et les trois
héricains poursuivaient le reste de la *manade*, je
venais au camp avec le cheval noir et ses deux
inqueurs, qui avaient attaché une seconde corde au
sso, et qui, tendant les deux cordes, tenaient le
eval entre eux deux à une distance suffisante pour
'il lui fût impossible de les atteindre par ses ruades :
iôt qu'il avançait d'un côté, on le tirait de l'autre.
issi, avant qu'il fût arrivé au camp, il était, sinon
impté, du moins complétement subjugué.

De cette chasse interrompue, les Peaux-Rouges
menèrent quatre poulains et une jument. Deux des
remiers bais-bruns, les deux autres blancs, et leur
ère, ou tout au moins celle qui aurait pu l'être, d'un
ir de jais.

Dès le lendemain de leur capture, ces six animaux,
rachés d'une manière si brutale à la liberté illimitée
s prairies, paraissaient avoir compris la nécessité
se soumettre et étaient devenus aussi dociles que

les chevaux qui faisaient partie depuis plusieurs an
nées du camp des Pawnees.

La capture d'un cheval sauvage est un des exploit
les plus enviés parmi les Peaux-Rouges, à quelqu
tribu qu'ils appartiennent dans la savane immens
des Etats-Unis. Les animaux qui vivent à l'état libr
sur ces vastes plaines sont de différentes formes et d
couleurs diverses, auxquelles on reconnaît leur ori
gine. Ceux-ci ressemblent aux chevaux de race an
glaise et descendent probablement de chevaux échappé
des colonies frontières de l'Angleterre avant la décla
ration de l'Indépendance de 1776 ; ceux-là, plus petits
plus nerveux, viennent sans doute de la race anda
louse, que les colons espagnols avaient amenée aprè
la prise de possession du Mississipi et de ses terre
par Hernandez de Soto.

Le soir qui suivit cette grande chasse, nous étion
groupés autour des feux qui avaient servi à faire cuir
notre souper Des couvertures étendues sur le sol nou
servaient de siége. Une immense sébile de bois d'érabl
était placée devant nous, dans laquelle on avait vers
le contenu des marmites, *olla podrida* composée d
dindons sauvages et de tranches de jambon de peccari
Plusieurs quartiers de cerf, enfilés sur deux broche
de bois, grillaient au-dessus du feu, dont les charbon
grésillaient et fumaient humectés par la graisse. Nou
n'avions ni assiettes ni fourchettes, mais chacun, à
l'aide de son couteau, tranchait à même dans la venai
son, en trempant chaque morceau dans une petite
sébile pleine de poivre et de sel mélangés.

Je dois rendre ici justice au cuisinier des Pawnees ;

ce ragoût et cette venaison, assaisonnés par l'air des prairies, me parurent aussi délicieux et aussi appétissants que le meilleur rôti de Védour. Notre seul breuvage était du café bouilli dans un chaudron, sucré avec de la cassonnade jaune et versé dans des coupes d'étain.

Bientôt la nuit remplaça le crépuscule, et le camp offrit un aspect tout à fait pittoresque. Des feux épars pétillaient ou mouraient au milieu des arbres, et autour des tisons ardents se découpaient, dans l'éclat de la lumière, des Indiens, les uns assis, les autres étendus et enveloppés dans leurs couvertures.

Pour moi, je me plaisais à écouter les récits des Pawnees qui m'entouraient, et qui charmaient par leur bizarrerie la monotonie de la veillée. Les légendes abondent parmi les Indiens, dont la vénération superstitieuse pour les phénomènes de la nature dépasse tout ce que l'imagination d'un Européen pourrait inventer. L'un d'eux assurait que les chasseurs trouvent quelquefois dans les prairies des éclats de la foudre éteints et que ce métal forgé sert à faire des pointes de flèches et de lances. Un guerrier armé de ces moyens de défense est invincible; mais il se voit souvent menacé du péril de l'électricité. Si un orage éclate pendant une bataille, il est emporté ou réduit en poussière.

Un Indien de la tribu des Black-Feet (Pieds-Noirs), surpris par un orage au milieu d'une savane, fut frappé de la foudre et tomba évanoui sur le sol. Lorsqu'il recouvra ses sens, le « carreau de Jupiter » était à côté de lui par terre et le sabot d'un magnifique cheval piétinait ce métal dangereux. Saisir la bride,

monter sur le dos de l'animal, tout cela fut l'affaire
d'un moment. Mais, hélas! le Pied-Noir avait enfour-
ché l'*Eclair*, qui, nouveau *Pégase*, l'enleva comme
un ballon et le jeta bientôt sans connaissance au
pied des Montagnes-Rocheuses. Il lui fallut plusieurs
mois pour retrouver le camp de sa tribu, et encore il
était tellement changé, ses cheveux étaient devenus si
blancs, que personne ne voulait le reconnaître.

On m'a aussi conté plusieurs anecdotes sur un certain cheval noir qui avait rôdé dans les prairies de
l'Arkansas pendant un certain nombre d'années, dé-
jouant tous les efforts faits par les chasseurs pour
s'emparer de lui. Sa renommée s'étendait au loin.
C'était une sorte de « cheval fantôme » insaisissable,
dont les pieds étaient plus légers que ceux d'une
gazelle, et l'encolure aussi gracieuse que le cou d'une
jolie femme sur lequel tomberait une chevelure d'é-
bène. Un des Pawnees racontait qu'un certain soir,
avant le lever de la lune, il était parvenu en rampant
à quelques pas de cet animal enchanté et lui avait
lancé son lasso. La noble bête avait d'abord paru se
résigner à sa captivité, tout en galopant côte à côte
avec celui qui l'avait capturée; puis ensuite elle avait
guidé sa course sur celle de la jument montée par le
Peau-Rouge, qui l'emmenait dans la direction du camp.
Mais tout-à-coup, à l'approche du premier feu, le cheval fit un suprême effort, se débarrassa du lasso, se
cabra, et se précipitant tête première dans l'obscurité
de la nuit, avait disparu à tous les regards.

Les chevaux capturés par les Pawnees devinrent
dès le lendemain l'objet d'une attention toute parti-

culière. Je crois assez intéressant pour mes lecteurs
le leur raconter les moyens employés par les Peaux-
Rouges pour dompter ces nobles animaux. D'abord ils
attachent un paquet léger composé de deux morceaux de
bois sur le dos du cheval, afin de lui donner une première leçon de servitude. L'orgueilleuse indépendance
de la bête se réveille aussitôt; mais après une lutte iné-
gale, dans laquelle l'Indien supplée à la force et lutte
par la ruse, le pauvre cheval, sentant enfin l'inuti-
lité de résister davantage, se couche à terre, comme
s'il s'avouait vaincu. Un acteur de nos drames de théâtre, représentant le désespoir d'un prince, ne pourrait
pas rendre son rôle d'une manière plus dramatique.

La seconde leçon consiste à forcer l'animal à se
lever par la pression de la bride. La première fois le
cheval hésite à obéir; il se couche tout du long : mais
à la pression réitérée de la bride et au contact du fouet,
il hennit, bondit sur ses quatre pieds et courbe la tête
entre les deux jambes de devant. Il est alors tout à fait
dompté, et après avoir subi pendant deux ou trois
jours ces humiliations de l'esclavage, il est abandonné
en liberté au milieu des chevaux de trait ou de bât.

Je ne pouvais m'empêcher de prendre en pitié les magnifiques animaux dressés ainsi par les Pawnees, et
dont la vie avait été changée en vil esclavage. Au lieu
de parcourir, selon leurs désirs ces vastes pâturages,
allant de prairie en prairie, descendant de la colline à
la plaine, broutant toutes les fleurs, toutes les grami-
nées, se désaltérant à tous les ruisseaux, ils se
voyaient condamnés à une servitude perpétuelle, à
l'humiliation du harnais et du mors.

Cette brusque transition n'était-elle pas comparable à certaines existences humaines? Tel est aujourd'hui monarque, qui demain est prisonnier ; tel noble coursier qui le matin était libre, le roi de la prairie, qui ce soir est devenu cheval de charrette !

VII

L'Opossum.

Un Gascon très-loustic et fort amusant, que j'ai
beaucoup connu aux Etats-Unis, me racontait que,
se promenant un jour dans les bois, il rencontra un
opossum sur son chemin. Frappé de la bizarre tour-
nure de ce gibier nouveau, il lança sur lui un simple
stick qu'il avait dans les mains.

« Ce crapaud-là, disait-il en me narrant son aventure, s'arrêta net, comme s'il avait eu les reins cassés
par ma badine; zé lé glissai délicatement dans la
poche dé ma veste, satisfait dé né pas rentrer bré-
douille à la maison. Au moins, pensais-ze en moi-
même, z'aurai du rôti à mon diner. Sacrebleu! qu'est-
cé qué c'est qué céla? m'écriai-ze, en sentant des
dents aiguës qui, à travers la toile dé mon vêtément,
pénétraient dans lé bas dé mes reins; cé diable d'animal va endommazer mon pantalon! Zé lé tirai hors

dé ma poche, et lé saisissant par les pattes, zé lu
appliquai sur lé museau un coup dé poing qui aurai
assommé un bœuf. — Es-tu content, méchante bête
lui dis-ze en le zétant sur mon épaule.

» Sandis ! mon cher ! cet infernal opossum (1) n'étai
point satisfait, car il mé mordit l'oreille. Pour cett
fois, zé lui trépignai les côtes, et j'entendis ses o
craquer ; puis lé prénant par la queue, dé crainte d
mé salir les mains, z'allais continuer ma route, quan
cé brigand il sé rétourna et mé pinça les doigts. Ah
pour lors, zé lé lâchai ; et, vous mé croirez si vou
lé voulez, zé consents bien à être pendu à la plus haut
vergue dé l'un des navires du port de Bordeaux si za
mais zé mé baisse pour ramasser un opossu a. »

J'étais fort intrigué au sujet de l'opossum ; j'ava
souvent entendu parler de cet animal, et l'on m'ava
raconté que, surpris par le chasseur, dès qu'il voit qu
la fuite lui est impossible, il use de stratagème et fa

(1) Cet animal, particulier à l'Amérique du Nord, ap
partient à la famille des sarigues. A le voir, on croirait
prime-abord qu'il est dépourvu de tout instinct, tand
qu'au contraire il possède toutes les ruses qu'un renar
tient renfermées dans son sac. L'opossum femelle est gr
tifié d'une poche où, au moindre danger, ses petits che
chent un refuge, et au fond de laquelle sont abritées l
mamelles qui les nourrissent. Une autre particularité de
structure anatomique de ces animaux, c'est que lo pr
mier doigt de leurs pieds de derrière est sans ongle, et s
paré des autres comme le pouce de la main humain
tandis que les autres doigts, placés l'un contre l'autr
sont armés d'ongles longs et crochus.

semblant d'être privé de la vie comme s'il avait été mortellement atteint par le plomb du chasseur.

Si par hasard, le croyant véritablement mort, vous détournez la tête ou le jettez négligemment dans votre gibecière, l'opossum choisit l'instant propice, et s'élance hors de portée au moment où vous y songez le moins. Cette ruse du sarigue américain a donné cours à un proverbe très-usité aux Etats-Unis : « Imiter l'opossum (*playing' possum*), » qui correspond tout à fait à notre dicton français *faire le mort*. Il suffit, m'avait-on dit, qu'on lui donne sur la tête une tape qui pourrait à peine tuer un moustique, pour qu'il allonge sur-le-champ ses membres avec autant de roideur qu'un cadavre sur la table de dissection ; en un mot, *il fera le mort*. Dans cette situation, on peut le torturer, lui couper la peau, l'écorcher presque, pas un de ses muscles ne bougera ; ses yeux deviennent ternes comme s'ils étaient recouverts de poussière, car l'opossum n'a point de paupière pour garantir sa vue ; vous pouvez même le livrer aux morsures de vos chiens, persuadé qu'il est mort ; mais si vous l'oubliez pendant une minute, il entr'ouvre ses yeux demi-clos, et si l'occasion lui paraît favorable, il détale sans être vu.

Dans le cours de mes chasses, je n'avais jamais trouvé un opossum à la portée de mon fusil ; peut-être, n'eût été par curiosité, aurais-je hésité à user ma poudre en tirant sur cet animal, lorsqu'un planteur de la Louisiane, sur l'habitation duquel j'étais allé passer quelques semaines, m'assura que les bois qui environnaient sa demeure étaient remplis d'opossums.

« Souvent, disait-il, mes nègres, lorsqu'il fait clair de lune, quittent leurs cases, armés de haches, et je suivis d'un chien pelé, qui malgré sa laideur possède un nez sans pareil. C'est lui qui indique la piste, et guide les chasseurs au pied de l'arbre sur lequel le gibier a cherché un refuge.

» Une torche de résine est sur-le-champ allumée, et la hache retombe à coups redoublés sur l'arbre receleur de l'opposum, sans égard pour la vigueur ou pour l'âge vénérable du chêne hospitalier, qui craque dans son écorce, et va bientôt couvrir le sol de ses débris. Il faut alors entendre les chants de mes moricauds, leurs plaisanteries, leurs cris gutturaux, dont rien ne peut donner une idée. L'arbre cède ; et ce mouvement inusité, incompréhensible à l'opossum, au lieu de lui faire voir que le danger approche, l'engage à se hisser plus avant dans les branches. Patatras ! l'arbre est à terre, et le sarigue avec lui, retombant quelquefois dans la gueule du chien. Si, par hasard, il a la chance de pouvoir échapper, son salut n'est point assuré : car, après deux minutes de poursuite, ses jambes de derrière sont au niveau des dents de son ennemi, et, *quoiqu'il fasse le mort*, le nègre qui l'arrache à la gueule de son *dear dog* n'oublie jamais de joindre la réalité à la fable.

» Mes Africains se fatiguent plus en quelques heures pour satisfaire leur plaisir, qu'ils ne le feraient à travailler pour mon compte pendant une semaine. Ces *esclaves malheureux*, comme les appellent nos négrophiles, tuent ordinairement trois ou quatre opos-

ums par chasse ; et si par bonheur je les ai revêtus
d'un gilet jaune, d'un paire de bas bleus et d'une
ulotte rouge, ils ne manquent pas, pour compléter
eur toile te élégante, de se faire un bonnet de p au
l'opossum. J'ai fini, ajouta-t il, par prendre moi-
même un très-grand plaisir à cette chasse »

Je riais d'abord en entendant ainsi mon hôte parer d'une manière emphatique de ses chasses à l'opossum, lorsqu'il me répondit, d'un air très-sérieux, que
'avais tort de plaisanter sur un sujet aussi intéressant,
et que si je voulais me convaincre des raisons qui
avaient décidé son goût pour cette chasse, je verrais
qu'il n'était pas aussi ridicule qu'il le paraissait.

La proposition fut acceptée séance tenante, et le
maître donna des ordres pour que tous les prépara ifs
fussent faits avant la fin du jour Quand nous partîmes,
a nuit était tout-à-fait noire ; et comme naturellement je
fis la remarque qu'au milieu d'une obscurité semblable
il nous serait très difficile de voir le gibier, on me
répondit que bien au contraire, cela n'en vaudrait que
mieux. Je n'avais rien à répliquer : il me restait seulement à protester intérieurement, et à me laisser guider. C'est ce que je fis.

Le wagon américain, traîné par un robuste cheval,
sur les bancs duquel nous nous étions installés, le
chasseur d'opossums, deux de ses amis et moi. nous
déposa bientôt au milieu d'un bois touffu, et la, précédés par un nègre géant qui éclairait notre marche à
l'aide d'une torche brillamment enflammée, nous avançâmes en silence. Les deux chiens qui nous accompagnaient ayant trouvé la piste d'un opossum, don-

nèrent de la voix et s'élancèrent en avant, nous guidant jusqu'au pied d'un chêne qui, d'après tous les indices, devait servir de retraite au gibier que nous cherchions. J'avoue que j'étais fort intrigué pour savoir comment notre chasseur de sarigues allait mettre la main sur celui-ci. Nous n'avions pas de hache pour abattre l'arbre, et l'obscurité était si grande, que la lueur de la torche, au lieu d'éclairer l'espace en dessus de nos têtes, ne servait qu'à en faire ressortir la noirceur. Le nègre qui nous accompagnait ayant planté sa torche à terre, amoncela à vingt pieds du chêne une quantité énorme de broussailles, de bois mort, et ayant allumé ce bûcher, il vint s'asseoir de manière à mettre le tronc de l'arbre entre lui et le foyer incandescent. Sur un signe qu'il me fit, j'allai me placer à son côté, attendant avec anxiété l'explication de ces mystérieux préparatifs. Le bûcher jetait autour de lui une flamme pétillante, et bientôt nos yeux, accoutumés à l'éclat de cette lumière, distinguèrent les branches du chêne aussi facilement que si elles étaient découpées sur un horizon illuminé.

— Maintenant, s'écria le chasseur d'opossums, l'animal est à nous ! Regardez là-haut, près de ce nœud qui forme un coude, cet objet noir qui paraît remuer : qu'est-ce que cela peut être ?

Et au même instant un coup de carabine faisait tomber à nos pieds une énorme branche que le nègre ramassa en riant aux éclats.

— C'est bien, gros imbécile ! fit notre chasseur en rechargeant sa carabine ; et sans faire plus attention aux grimaces du moricaud et au sourire qui s'égarait sur mes lèvres, le chasseur se mit à examiner de nouveau les branches de l'arbre. Deux fois inutilement encore il déchargea sa carabine; mais au quatrième coup, un grognement prolongé, semblable à celui d'un porc, poussé par l'objet qui tombait devant nous, fut suivi d'un hurrah retentissant. Un opossum énorme se débattait dans les convulsions de l'agonie; et le nègre l'ayant délicatement pris par la queue, rallumait sa torche aux tisons du foyer mourant, afin d'éclairer notre retour à l'habitation, où, assis autour d'un bon feu, rassasiés par un excellent souper, et excités par les rasades d'un champagne exquis, nous félicitions l'habile inventeur de la chasse aux opossums sur sa découverte importante.

J'ai connu, pendant mon séjour à Philadelphie en 1845, un certain M. David Crockett, original sans copie que ses compatriotes avaient élu général de la garde nationale de la ville. Cet Américain pur sang avait, entre autres manies, celle de se croire un second Robin Hood. Jamais, assurait-il, il ne tirait un coup de fusil sans atteindre son but. Plume ou poil, rien n'échappait à son coup d'œil d'aigle. Un de ses amis, qui me présenta certain soir au Nemrod philadelphien, disait en sa présence :

— Vous voyez bien David? la justesse de son coup d'œil est telle, que lorsqu'il va chasser dans les bois, si un opossum l'aperçoit, il lève la patte comme pour lui faire signe d'attendre un moment avant de tirer.

— Est-ce vous, monsieur Crockett? lui dit le sarigue effrayé.

— Oui!

— En ce cas, je vais aller vous rejoindre; attendez
moi. Je sais que je suis un orossum mort, et qu'il n'
a pas moyen de vous échapper.

Et la chose se fait comme le dit le didelphe Il descen
de l'arbre rampe jusqu'aux pieds de M. Crockett, qu
délicatement lui donne un coup du revers de la mai
sur la nuque et le fourre dans sa carnassière.

M. David Crockett souriait à cette *blague* élogieuse
mais il se gardait bien de la démentir.

Un certain jour, M. Crockett, qui m'avait pris e
grande amitié, me rencontrant dans Chesnut-Street
me proposa de l'accompagner à la chasse aux opos
sums.

— Volontiers, répondis-je; mais où me conduirez
vous? irons-nous loin?

— Oh, non, reprit-il, nous chasserons seulemen
sur les bords de la Delaware, à dix milles de Philadel
phie, et nous partirons ce soir.

J'acceptai sur-le-champ, curieux que j'étais de voi
par moi-même si l'on ne m'avait pas trop vanté l'ha
bileté de M. Crockett.

Je passe sous silence les détails de notre voyage
qui s'opéra dans un *light-wagon*, conduit par un mu
lâtre qui ne cessa de siffler depuis notre départ d
Philadelphie jusqu'à notre arrivée à *Mac-Com-Dam*.

Dès le matin, mon nemrod américain et moi, suivi
du mulâtre Dolly, nous entrions en chasse. Deux joli
terriers folâtraient en quêtant devant nous. Tout-à-
coup l'un d'eux donna de la voix, l'autre lui répondit
et après quelques pas faits dans les broussailles, ils
levèrent un opossum, qui d'un bond s'élança sur la

ranche d'un hêtre, et de là sur la cime de l'arbre.

I. Crockett mit en joue; je le laissai faire, prêt à tirer moi-même s'il manquait l'animal; mais, à mon grand étonnement, je vis le sarigue tomber sans que la moindre détonation eût frappé mes oreilles.

J'allais interroger M. Crockett, lorsqu'avec sa main il me fit signe de ne pas parler. Les chiens venaient de lever un autre opossum qui se livrait au même manége que le premier. A mon tour, je me disposais à faire feu, lorsque mon camarade, qui avait épaulé son fusil avant moi, l'abattit de nouveau sans bruit; au même moment, le gibier tombait à mes pieds, en ricochant de branche en branche jusque sur le sol.

Cette fois je n'y tins plus. Rien ne pouvait m'expliquer comment M. Crockett forçait ainsi les opossums à tomber devant lui, sans coup férir, rien qu'en faisant le geste de leur tirer dessus.

— Vous êtes donc sorcier, mon cher Monsieur? lui dis-je.

— Moi? allons donc ! vous n'y pensez pas; — et, sans ajouter un mot de plus, M. Crockett me tendit l'arme qu'il tenait à la main. C'était un fusil à vent; le mystère était résolu, je connaissais le mot de l'énigme.

Shakspeare a écrit quelque part l'hémistiche suivant qui, — je le crois vraiment depuis que j'ai eu entre les mains un opossum qui fut tué devant moi, — se rapportait à ce sarigue :

Thereby hang a tail ! (Il y a là une queue), a dit le barde d'Avon. Certes, jamais cet appendice de Fourcier n'eut son pareil sous la calotte du ciel Cette queue, longue de quinze pouces, noire et dépourvue de poils, sert à l'opossum pour grimper sur les arbres et se tenir suspendu à une branche, lorsqu'il guette au passage la proie dont il fait sa nourriture. Rien n'est plus curieux que de voir un opossum se balancer ainsi, soit pour s'amuser, soit pour dormir, comme si, afin de garder ou d'abandonner cette position, il n'avait besoin d'autre chose que de dire : Je veux, ou cela me convient. La force de cette attache naturelle est si grande, qu'on peut tuer l'animal sans qu'il *dérape* de la branche d'arbre où il s'était suspendu. Lui eût-on même coupé la tête avec une poignée de chevrotines, il n'en resterait pas moins lié jusqu'à ce que les oiseaux de proie eussent dévoré sa carcasse abandonnée. Bien plus, lui eût-on coupé la queue à l'extrémité de l'épine dorsale, cette queue sans pareille demeurerait en place comme le bâton oublié d'un berger d'Arcadie.

Un ministre de la religion méthodiste qui, suivant le précepte des apôtres, allait de ville en village et de bourg en hameau, pour exhorter ses frères en Jésus-Christ à songer à l'éternité, prononçant certain soir un discours diffus et interminable, et voulant donner plus de force à la démonstration qu'il faisait dans le but d'engager ses auditeurs à persévérer dans la pratique du bien, il compara le véritable chrétien à un opossum suspendu par la queue au sommet d'un sapin agité par une tempête violente : « Oui, mes frères, disait-il, telle est votre image : le vent, dont la violence peut vous arracher à l'arbre de l'Evangile, sur la force duquel vous comptez pour être sauvés, est formé par le concours du souffle corrompu du monde, les passions et du d able. Ne lâchez point ! tenez bon, comme fait l'opossum pendant l'orage ! Si les pieds de devant de vos passions abandonnent leur support, tenez ferme avec les pieds de derrière de votre conscience ; enfin, si ce point d'appui vous manque aussi, il vous reste une dernière prise qui sera votre ancre de salut, et au moyen de laquelle vous irez rejoindre au ciel les saints, qui ont persévéré jusqu'à la fin. »

Comme gibier, le sarigue est par quelques personnes considéré comme mets exquis. On dirait, à le manger, que l'on mord sur un morceau de porc tendre, au goût quelque peu sauvage. Pour faire cuire l'opossum, les Indiens le suspendent, par sa longue queue, à un bâton à l'aide duquel ils le retournent dans tous les sens. Quoiqu'il soit impossible de trouver la chair de ce sarigue une chose immangeable, je dois avouer que lorsque j'y goûtai pour la première fois, il me fut impossible de plus rien manger après, tellement j'avais été écœuré par l'odeur de cette viande musquée. Mais la seconde fois que mes dents se trouvèrent en contact avec la viande d'opossum, je fus moins délicat. Il faut dire que le plat avait été préparé par les nègres, excellents cuisiniers en général, surtout quand ils font la cuisine pour leur propre compte. Et voici comment ils procèdent pour préparer à point un opossum gras et dodu. Dans une marmite profonde, sur un lit de patates douces, on étend le gibier, que l'on recouvre des mêmes tubercules ; on saupoudre le tout de poivre de Cayenne, en ajoutant, pour augmenter la sauce, une ou deux cuillerées de saindoux bien frais : on laisse le tout *mijoter* pendant cinq heures, et alors on sert chaud.

Je dois dire ici que le mets est délicieux, et que je ne connais rien de plus succulent au monde C'est pourquoi je conseillerai à tous nos Épicures modernes d'aller y goûter par eux-mêmes Certes, un tel repas vaut bien le voyage, et je suis certain que tous reviendraient des Etats-Unis en chantant, comme les noirs des plantations du Sud :

Pour faire un bon repas
Comme il ne s en fait guère,
F ut manger, quelle chere !
Un'possum gros et gras !
Djing ' bing ! bou ' boum ! bang ba !
Et puis boire a plein verre
Du hum et du tafia !
Djing ! boum djang ! bing ba !
   lah ! lah ! lah !
   Pshou ! Pshou !

VIII

Le Coyote.

Parmi les animaux les plus rapaces et les plus dangereux de l'Amérique du Nord, le loup (communément appelé *coyote* dans quelques Etats du Sud) est celui dont les chasseurs redoutent la rencontre à l'égal de celle d'une panthère ou d'un ours gris. Les loups, bien plus nombreux aux Etats-Unis qu'en Europe, sont peut-être plus horribles à voir qu'ils ne le sont sur le vieux continent. Partout, le long des sentiers du désert, comme dans les endroits habités, aux environs des fermes et des villages, dans les prairies ou dans les bois, le loup, la goule de la race animale, s'offre aux yeux du voyageur la gueule pleine de bave, les yeux flamboyants, et faisant entendre un grognement, signe ordinaire de lâcheté mêlée d'audace.

Il est très difficile de prendre les coyotes au piége ; mais on les force souvent avec des chevaux et des chiens. Leur pélage est d'une couleur rougeâtre, terne, mélangée de poils gris et blancs. Telle est leur couleur ordinaire ; mais, comme chez les autres animaux, il y a des variétés. Leur queue touffue, noire au bout, est à peu près longue comme le tiers de leur corps. Ils ressemblent aux chiens qu'on voit dans les *wigwams* des Indiens et qui descendent certainement de cette espèce. On les trouve dans les régions situées entre le Mississipi et l'océan Pacifique, et au sud du Mexique. Ils chassent en troupes comme les chacals, et poursuivent les daims, les bisons ou autres animaux dont ils espèrent se rendre maîtres. Ils n'osent pas attaquer les bisons en troupes, mais ils les suivent en bandes nombreuses en attendant qu'un traînard se détache, un jeune veau, par exemple, ou un vieux mâle : ils se jettent alors sur lui et le mettent en pièces. Ils suivent des groupes de chasseurs ou de voyageurs, prennent possession des camps abandonnés et dévorent les débris qu'ils trouvent. Ils s'introduisent quelquefois dans le camp pendant la nuit, et s'emparent des morceaux sur lesquels comptaient les émigrants pour leur déjeuner du lendemain. Ces vols exaspèrent parfois ceux qui en sont victimes et ceux-ci devenant moins avares de leur poudre et de leur plomb, les poursuivent jusqu'à ce qu'ils en aient couché plusieurs sur le gazon.

Cette espèce de loups est la plus nombreuse de toutes celles des carnassiers de l'Amérique du Nord ; c'est pour cela même que les coyotes souffrent souvent de la faim. Alors, mais seulement alors, ils mangent des fruits, des racines et des légumes, enfin tout ce qui peut les empêcher de mourir d'inanition.

Le coyote ignore tout sentiment de sympathie, et par cette même raison, il n'en inspire aucune. Voici pourtant une anecdote qui prouve que le voleur quadrupède des bois est susceptible d'une certaine sensibilité, celle des nerfs du moins, si ce n'est celle du cœur. Cette histoire m'a été racontée sous la tente, à la veillée, pendant nos chasses au milieu des Indiens Pawnees.

Pendant la première époque de la colonisation du Kentucky, les coyotes étaient si nombreux dans la partie sud de cet État, que les habitants n'osaient pas sortir de leurs demeures s'ils n'étaient armés jusqu'aux dents. Les enfants et les femmes étaient sévèrement consignés à la maison. Les coyotes dont le pays était infesté appartenaient à cette race dont le pelage est gris foncé, et qui abonde dans les districts du nord, au centre des forêts épaisses et des montagnes inexplorées de la rivière Verte.

Le village de Henderson, situé sur la rive gauche de l'Ohio, près de son confluent avec la rivière Verte, était le cantonnement le plus habité par ces déprédateurs à quatre pattes.

Les cochons, les veaux, les brebis des planteurs payaient un large tribut à ces voraces animaux. Maintes fois, au cœur de l'hiver, lorsque la neige couvrait le sol, quand les troupeaux restaient à l'étable, les coyotes affamés attaquaient les hommes, et plus d'un fermier attardé, rentrant le soir chez lui, s'était vu entouré par un troupeau dévorant, des morsures duquel il avait eu grand'peine à se défendre.

Parmi les aventures les plus horripilantes que j'aie

jamais ouï raconter, il n'en est pas qui m'ait impres-
sionné davantage que celle dont Richard, le vieux nègre
joueur de violon, fut le héros, et que je vais raconter.

Richard était ce qu'on appelle en bon anglais *a good
old good for nothing darkie* (un bon vieux bon à rien
de nègre). Tout le canton reconnaissait qu'il n'avait
pas d'autre mérite que celui de râcler du violon, et ce
mérite, qui n'en est pas un à nos yeux, était cependant prisé à un haut degré par toute la gent de couleur, et même par la race blanche qui vivait dans un
espace de quarante milles à la ronde. Ce qu'il y a de
certain, c'est qu'aucune fête ne pouvait avoir lieu sans
que Richard le violonneur n'y fût invité.

Les mariages, les baptêmes, les soirées prolongées
jusqu'au jour, que l'on nomme *breaks down* aux
États-Unis, ne pouvaient avoir lieu sans l'aide de son
violon, et quelque vieux que fût le ménétrier nègre,
quelque pelée que fût sa tête, aussi noire que la bouteille à l'encre, Richard n'en était pas moins le bien-
venu partout où il se présentait, son instrument enveloppé d'un vieux mouchoir en loques sous le bras et
un bâton noueux à la main.

Le vieux Richard était « la propriété » de l'un des
Henderson, membre de la famille qui donne son nom
à ce comté et à ce village du Kentucky. Son maître
avait de l'affection pour lui, à cause de son naturel
obéissant et original, et l'esclave, au lieu de travailler
la terre, était libre de faire ce que bon lui semblait.
Personne ne trouvait à redire à cette tolérance, car
Richard, que son maître disait être « un mal nécessaire », avait par dessus tout le talent de maintenir

es nègres en belle humeur au moyen de son violon.

Richard, qui comprenait toute l'importance de ses hautes fonctions, ne connaissait que son devoir, et tait de la plus grande ponctualité chaque fois que ceux qui l'honoraient de leur confiance lui faisaient savoir qu'on avait besoin de ses services. Sur ce chapitre-là, un rien l'irritait. une contrariété un dérangement quelconque le rendaient féroce. En dépit de la timidité proverbiale reconnue aux enfants du génie, le vieux Richard tenait de la hyène toutes les fois que, pendant une des fêtes nègres présidées par lui, quelque chose ou quelqu'un manquait à l'étiquette et aux convenances. Quant à lui, jamais il ne s'était oublié en quoi que ce fût, et depuis qu'il avait été appelé à remplir les hautes fonctions dont il s'acquittait si bien, oncques il ne lui était arrivé de se faire attendre. Et cependant un jour... Pauvre Richard ! le récit qui va suivre prouvera que ce ne fut pas sa faute.

Une noce de gens de couleur devait avoir lieu sur une plantation située à six milles de celle sur laquelle demeurait le violonneur. Pour que la fête fût complète, le vieux Richard avait été convié, et on l'avait nommé unanimement grand maître des cérémonies. C'était pendant l'hiver; le froid était excessif, et la neige, tombée depuis trois jours sans presque cesser, couvrait le sol à plusieurs pieds de hauteur.

Tandis que tous les nègres de M. Henderson, avec la gracieuse permission de leur maître, s'étaient hâtés de se rendre où le plaisir les appelait, l'Apollon esclave avait présidé aux soins de sa toilette avec une prédilection toute particulière. Du linge blanc, un col de chemise aussi démesurément long par devant qu'il était élevé par derrière, de telle sorte que la tête de Richard ressemblait à un bloc de charbon dans une feuille de papier blanc, un habit bleu à boutons d'or, aux basques longues à toucher les talons de ses bottes, — défroque de son maître — une cravate de soie rouge frangée par les bouts , un gilet vert orné d'une pièce orange à la partie où était jadis placée la poche de la montre , des bottes qui avaient autrefois vu leurs beaux jours, un chapeau de forme calabraise ; tel était le costume élégant et fashionable à l'excès de *Dick, the old Darkie Fiddler* — qui, vêtu de ces hardes, se croyait aussi beau qu'Adonis.

Après avoir jeté un dernier coup d'œil au morceau de miroir retenu par trois clous à la muraille de sa chambre, et s'être lancé à lui-même un sourire qui exprimait une satisfaction toute personnelle, Richard prit son violon sous le bras et se mit en route.

La lune brillait au-dessus de sa tête, les étoiles scintillaient au ciel, pareilles, suivant l'expression pittoresque du violonneur, « à des clous dorés fichés au plafond du firmament par un audacieux tapissier. » Nul bruit ne se faisait entendre, si ce n'est le craquement de la neige à mesure que Richard appuyait ses pieds, appesantis par l'âge, sur sa croûte glacée. Le chemin qu'il avait à parcourir était fort étroit ; ses méandres tortueux traversaient une forêt épaisse que la hache n'avait point entamée, et dont les profondeurs étaient encore aussi inconnues qu'à l'époque où les Indiens étaient seuls en possession du territoire. Ce sentier ne pouvait être suivi que par un voyageur à pied :

aucune route frayée par une voiture n'existait à plusieurs milles à la ronde.

La solitude profonde et silencieuse de ce chemin
levait infailliblement produire son effet, celui de la
crainte ou tout au moins de l'appréhension, sur un être
appartenant à la race humaine ; mais dans ce moment
le vieillard était plongé dans des réflexions telles que
rien ne pouvait lui faire oublier l'anxiété qu'il éprou-
vait de ne pas arriver à temps au rendez-vous où il
était attendu. Il doublait le pas en songeant aux yeux
courroucés qu'allaient jeter sur lui les nègres et les
négresses dont son absence retardait les joies et la
danse, et il regrettait le temps qu'il avait perdu à
polir outre mesure les boutons de métal de son habit,
à étirer les deux pointes splendides de son col de chemise.

Tout en pensant aux reproches qui le menaçaient,
le vieux Dick jeta les yeux à l'horizon, et la lune res-
plendissante au-dessus de sa tête lui prouva qu'il était
encore plus en retard qu'il ne l'avait cru. Ses deux
jambes se mirent alors à se mouvoir comme les roues
d'une locomotive, de manière à se tenir toujours en
tête de certaines ombres noires qui semblaient suivre
tous ses pas dans le sentier de la forêt.

C'étaient des coyotes, d'horribles coyotes qui proje-
taient ces ombres, et qui, de temps à autre, laissaient
échapper un jappement d'impatience et de convoitise ;
mais le vieux Dick n'y prenait pas garde.

Toutefois, il fut bientôt forcé de donner toute son
attention à ce qui se passait autour de lui. Il était parvenu à la moitié du chemin, et à travers les ogives des

arbres il apercevait déjà la clairière qu'il devait traverser pour arriver à l'endroit où on l'attendait. Les cris de rage des carnassiers redoublaient depuis un quart d'heure, et le bruit de leurs pattes, qui faisaient craquer la neige, inspirait au malheureux vieillard une horreur que rien ne saurait décrire. Le nombre de ces animaux paraissait augmenter à mesure qu'il avançait : on aurait véritablement dit une fourmilière grossie par un microscope gigantesque.

Les loups, dans tous les pays du monde, y regardent à deux fois avant de s'élancer sur un homme ; ils étudient le terrain et attendent l'occasion propice. C'est ce qui se passait, fort heureusement pour le vieux Dick, qui comprenait de plus en plus l'étendue du danger et doublait la rapidité de sa course, à mesure que ceux qui le poursuivaient devenaient plus hardis, frôlaient ses jambes en grinçant des dents et cherchaient joyeusement à se devancer les uns les autres Dick connaissait fort bien les habitudes de ses ennemis, aussi se garda-t-il de courir : c'eût été donner le signa d'une attaque générale, car les coyotes ne s'élancent que sur ceux qui ont peur.

La seule chance de salut qui lui restât, c'était de prolonger cette croisière dangereuse jusqu'à la lisière de la forêt. Là, suivant son espoir, les coyotes, qui n'osent pas s'aventurer sur un plateau sans abri, le quitteraient et le laisseraient continuer librement sa route Il se rappelait aussi qu'au milieu de la clairière s'élevait une cabane abandonnée, et la pensée d'atteindre ce refuge lui rendit une partie de son courage.

L'audace des coyotes augmentait à chaque instant, e

le malheureux nègre ne pouvait regarder autour de lui sans voir des yeux brillants qui remuaient dans toutes les directions comme les phosphorescentes lueurs des mouches de feu pendant la saison d'été Les uns après les autres, les quadrupèdes essayaient leurs dents contre les jambes maigres du vieux Dick, qui, ayant perdu son bâton, eut recours à son violon pour éloigner ses ennemis. Au premier coup qui porta, les cordes produisirent un son répercuté au même instant par l'âme du violon, et ce bruit éolien eut le pouvoir immédiat de faire sauter au loin les coyotes, surpris par cette musique insolite.

Dick, observateur par nature et par nécessité, se mit alors à râcler son violon avec les doigts : aussitôt les animaux carnivores manifestèrent de nouvelles marques d'étonnement, comme si une charge de plomb avait cinglé leur peau. Cette heureuse diversion, répétée à plusieurs reprises, amena Dick sur la lisière du bois ; aussitôt, profitant d'une opportunité favorable, il s'élança en avant, grattant toujours les cordes du violon et se dirigeant vers la cabane de la clairière.

Les coyotes s'arrêtèrent un instant, la queue serrée entre les jambes, regardant leur proie fuir devant eux ; mais bientôt leur instinct dévorant reprit le dessus, et, poussant un jappement unanime, ils s'élancèrent tous à la poursuite du malheureux nègre. Si le hasard avait fait que ces carnivores eussent atteint le vieux Dick dans ce moment de rage, c'eût été en vain qu'il eût eu recours à son violon. En courant il avait détruit le charme, et les coyotes ne se fussent point arrêtés pour l'écouter, eût-il joué comme jadis Orphée ou comme de nos jours le célèbre Paganini.

Par bonheur, le vieillard atteignit la cabane au moment où les coyotes étaient sur ses talons. D'une main rendue doublement vigoureuse par l'imminence du danger, il repoussa la porte de la hutte protectrice et en assura la fermeture au moyen d'un ais qui se trouvait à sa portée. Puis il se hissa, non sans de nombreux accrocs faits à ses nippes, sur le sommet du toit à jour dont les poutres étaient seules restées appuyées sur les blocs de bois qui s'élevaient aux quatre coins des murailles.

Le vieux Dick se trouvait comparativement hors de danger, mais les coyotes manifestaient une fureur qui redoublait à chaque minute et menaçait de devenir terrible. Plusieurs d'entre eux avaient pénétré dans la cabane, et conjointement avec ceux qui étaient restés au dehors, ils s'élançaient aux jambes du ménétrier que des mouvements rapides, des coups de pied multiples garantissaient à peine de nombreuses morsures.

Le vieux Dick, malgré ses angoisses, n'avait point oublié son violon, qui lui avait sauvé la vie au milieu de la forêt ; saisissant son archet d'une main ferme, il tira de l'instrument un accord strident qui domina les glapissements étourdissants des coyotes et les fit cesser comme par enchantement. Le silence continua dès-lors n'étant interrompu que par les sons histériques que produisait le violon, sous les doigts agités par la peur du vieux ménétrier nègre.

Cette musique peu harmonieuse ne pouvait satisfaire

longtemps les carnivores affamés, et aux efforts qu'ils renouvelèrent bientôt pour atteindre leur proie, le vieux Dick comprit que le bruit ne suffisait pas pour enchanter les loups : ils s'élançaient plus furieux que jamais contre la muraille, et cherchaient à l'escalader. Il se crut perdu, surtout lorsqu'à un demi-mètre de ses jambes flageolantes, il aperçut la tête énorme d'un coyote dont les yeux grands ouverts paraissaient jeter feu et flamme.

—Dieu me vienne en aide! s'écria-t-il, je suis un homme mangé!

Et sans savoir même ce qu'il faisait, il laissa errer sur son violon ses doigts, agités par un mouvement nerveux, et se mit à jouer le fameux air national : *Yankee Doodle* : c'était le chant d'un cygne célébrant son *Requiem* à l'heure de sa mort.

Mais soudain, ô miracle de l'harmonie, le calme se fit autour du ménétrier nègre : Orphée n'était point une fable; les animaux obéissaient à cet enchantement nouveau, et lorsque Dick, revenu de sa terreur, put comprendre ce qui se passait autour de lui, il vit qu'il était entouré de spectateurs cent fois plus attentifs aux charmes de la musique que ceux qui avaient jamais auparavant admiré son talent d'exécutant. Cela était tellement vrai, qu'aussitôt que son archet cessait de se mouvoir, les coyotes sautaient en avant pour renouveler la bataille.

Dick savait maintenant quels étaient ses moyens de salut : il s'agissait de jouer du violon jusqu'à ce que le secours lui arrivât. Bientôt, cédant à l'entraînement de l'art, le ménétrier parvint à oublier le danger qu'il

courait, et s'abandonna à toutes les fantaisies de son
imagination ; il donna à son auditoire de quadrupèdes
un concert dans lequel il se surpassa. Jamais il n'avait
joué avec plus de goût, d'âme et d'expression. Aussi
oublia-t-il, dans l'enivrement de son triomphe, la noce
et sa brillante illumination, le punch au whisky et le
souper fumant sur la table qui l'attendaient non loin
de là.

Mais, hélas ! toute médaille a son revers dans ce
monde, tous les jours de plaisirs ont leur lendemain
d'angoisses. A mesure que la nuit avançait, le vieux
nègre sentait le froid pénétrer ses membres engourdis.
C'est en vain qu'il tentait de se reposer : si l'archet aban-
donnait les cordes du violon, les coyotes s'élançaient
contre les parois de la cabane ; si, au contraire, il continuait à s'égarer dans les méandres de l'harmonie, ces
dilettanti d'une espèce nouvelle s'asseyaient sur leur
train de derrière, leur queue touffue allongée sur la
neige, les oreilles dressées, la langue pendante hors
de leurs mâchoires entr'ouvertes, et ils suivaient, par
un mouvement mesuré de la tête et du corps, tous les
rhythmes exprimés par le violon du vieux Dick.

Pendant que cette scène fantastique, éclairée par les
rayons de la lune, se passait sur la savane, les nègres,
qui attendaient leur camarade pour commencer la fête,
s'impatientaient fort et ne savaient que penser du retard
de leur musicien, ordinairement très exact. Enfin, de
guerre lasse, six d'entre eux sortirent de l'habitation
pour aller à la découverte, et arrivés près de la hutte sur
le haut de laquelle Dick était perché, ils aperçurent une
trentaine de coyotes dans la position que j'ai décrite. Le

vieux ménétrier continuait toujours son concert forcé, les yeux fixés sur ses mortels ennemis.

Au moment où les six nègres poussèrent un cri simultané, la bande entière des carnivores pensa qu'il était temps de fuir. En un clin d'œil ils eurent tous disparu, et le ménétrier, gelé et morfondu, tomba évanoui dans les bras de ses sauveurs. Ses cheveux crépus, qui malgré son grand âge étaient encore noirs au moment où il avait fait sa toilette, avaient blanchi dans l'espace de deux heures.

IX

L'Alligator.

Je descendais un matin le fleuve Mississipi, de Natchez à Baton-Rouge, à bord de l'une de ces maisons flottantes que l'on appelle *steamboats*. Nous longions le rivage du côté de la rivière Rouge, lorsque mes yeux, qui suivaient les méandres du fleuve, tombèrent sur le premier alligator que j'eusse jamais vu. L'animal, fort propre, contre l'habitude de ses pareils, courait sur un banc de sable, au soleil, comme pour faire sécher sur ses écailles rugueuses l'eau qui venait d'emporter la boue du fleuve.

Je poussai un cri de surprise qui réveilla de son apathie un homme étendu sur un des bancs cloués le long du bastingage du bateau à vapeur.

— Qu'est-ce donc? fit-il.

— Un crocodile! répondis-je.

— Non! c'est un alligator. — Bah! la belle affaire; mais dans toutes les flaques d'eau, lagunes ou bayous qui croupissent aux environs de la Nouvelle-Orléans, comme aussi sur les bords de la rivière Rouge ou du fleuve Arkansas, vous verrez des alligators en bandes qui, accroupis sur l'échine de quelque *chicot* (1) flottant à la surface des eaux, chauffent leurs écailles fangeuses aux rayons du soleil.

J'écoutais de mes deux oreilles mon interlocuteur, qui continua ainsi son discours :

— Ici, l'on aperçoit de jeunes caïmans cramponnés sur le dos de leurs mères, d'autres qui se battent entre eux, poussant des beuglements que l'on pourrait comparer à ceux d'un troupeau de bœufs. Le fleuve Rouge et la rivière des Arkansas ont été pendant longtemps peuplés de myriades d'alligators. Sur les bords de ces deux courants, ils étaient si nombreux qu'ils couvraient le sol ; mais depuis que la navigation y est établie, depuis que les bateaux à vapeurs effrayent même les poissons et les oiseaux par leur bruit insolite, le nombre de ces animaux est prodigieusement diminué. Il y a en outre une cause qui a hâté, aussi bien que la civilisation, la disparition des alligators, c'est la mode américaine qui existait, il y a peu de temps encore, de ne porter que des chaussures de cuir d'alligator et de ne faire des selles qu'avec la dépouille de cet ovipare. Cette branche de commerce occupait il y a cinquante ans plus de trois mille personnes. Bientôt on s'est aperçu que la peau de l'alligator était bien plus pénétrable à la pluie et à l'humidité que celle du bœuf et du

(1) Arbre déraciné qui descend le faîte en bas, dans les cours d'eau, et contre lequel les bateaux à vapeur vont si souvent faire naufrage aux États-Unis.

cheval, et la chasse a cessé. Le seul mérite de ces cuirs était leur souplesse et la facilité qu'avait le corroyeur à les gauffrer et à les couvrir de figures inneffaçables. Avec les procédés actuels, tous les cuirs sont devenus propres à cet usage.

— Vous me paraissez très au fait de tout ce qui a rapport aux alligators, dis-je à mon Américain, et je suis persuadé que vous avez fait une étude spéciale de leurs mœurs. Vous êtes chasseur, sans doute?

— Oui! me répondit-il, et j'ai passé des journées entières à étudier la vie de ces horribles reptiles. Je me plaisais à voir les alligators se reposer ou sur des troncs d'arbres au milieu de bayous, ou sur les berges d'une lagune ou d'une rivière. Souvent aussi, à l'époque où les femelles font leurs nids, je me suis surpris à demeurer accroupi sur une berge, caché sous le feuillage touffu d'un raisinier, dans le but d'examiner les moyens employés par ces reptiles pour déposer en sûreté les fruits de leurs amours. Les nids des alligators se trouvent habituellement sur les bords de l'eau, au milieu des roseaux ou des ronces. Figurez-vous un amas de branches et de feuillage superposés et façonnés en forme de navette. La femelle pond, dans ce trou fangeux, de cinquante à soixante œufs gros comme ceux d'une dinde, qu'elle a soin de recouvrir de mêmes matériaux. Seulement, au-dessus de ce nid, elle apporte de la terre qu'elle pétrit, et au moyen de laquelle elle forme un cône si solide qu'on peut le piétiner sans parvenir à l'écraser. L'incubation dure de trente à quarante jours, pendant lesquels la femelle ne quitte son nid que pour aller chercher sa nourriture.

A cette époque il est très-dangereux de se trouver sur
son passage. Les œufs d'alligator éclosent tous à la fois
le même jour, et à peine les jeunes caïmans, vifs et sé-
millants comme des lézards, sont-ils sortis de leur co-
quille, nettoyés et lustrés par leur mère, qui les lèche
avec sa langue râpeuse, qu'elle les mène dans les mares
les plus éloignées de l'œil de l'homme ; mais là pourtant,
malgré la vigilance maternelle, ils deviennent la proie
d'oiseaux pêcheurs de toutes sortes.

— Voilà vraiment des détails fort intéressants, dis-je
à mon narrateur. Mais de quoi se nourrit un alligator ?
de poisson ou de chair ? Est-ce le jour ou la nuit qu'il
se met en chasse ?

— Les alligators ne rôdent que la nuit pour chercher leurs aliments, qui consistent généralement en tor-
tues, grenouilles, oiseaux et jeunes cochons-péccaris
égarés ou surpris au moment où ils viennent s'abreu-
ver dans les eaux où vit l'alligator. J'ai maintes
fois remarqué que les allures de cet amphibie sont assez vives dans un courant profond ; mais une fois à
terre, ses courtes jambes, pareilles à celles d'un chien
basset, se refusent à soutenir sa longue queue et la
masse de son corps. Il se traîne, il rampe plutôt qu'il
ne marche, et sa queue trace dans la vase un long
sillon qui ressemble à celui de la charrue dans un
guéret. L'alligator, dans son élément, au milieu d'un
fleuve ou d'un lac, ne craint pas la poursuite du chasseur. Au besoin, il plonge et nage entre deux eaux, de
manière à échapper à la mort qui le menace. Mais dès
qu'il est sorti sur le rivage, à quelque distance des
bords, aussitôt qu'un bruit inaccoutumé se fait enten-

re, ou qu'un être qui lui est inconnu, homme ou ani-
1al, dirige ses pas de son côté, loin de chercher à se
éfendre et à attaquer, il se blottit et reste aplati sur
: sol, ne perdant pas de vue l'objet de sa crainte,
1ais conservant la plus grande immobilité. Si l'en-
emi s'approche, alors il paraît reprendre un certain
ourage, il s'enfle comme la grenouille de votre bon
a Fontaine, souffle et fait sortir de sa gueule des
ons pareils à ceux d'un ibis brun, ou d'un soufflet de
irge. A le voir ainsi, long de cinq ou six pieds, dé-
ouvrir une double mâchoire hérissée de dents aiguës,
ai souvent frissonné de tout mon corps, j'ai maintes
iis hésité à livrer combat ; mais peu à peu je me ras-
irais, car je savais que pour vaincre je n'avais qu'à
viter les atteintes de la queue de l'alligator, dont un
eul coup eût suffi pour me briser les jambes. Cet
ppendice est à la fois sa défense et son attaque.
ies nègres sont les seuls, ajouta mon chasseur
'alligators, qui redoutent la dent de ces animaux (1).
e ne sais à quoi cela tient, si c'est à l'odeur musquée
e la race de Cham ou à toute autre cause inexplicable
it inexpliquée, mais la chair d'un homme de couleur
st toujours préférable pour l'animal amphibie. J'ai

(1) L'alligator n'est redoutable pour l'homme blanc
u'au printemps, à l'époque de ses amours. Les mâles se
ivrent alors entre eux des combats terribles, et leur au-
ace envers l'homme s'accroît en raison du paroxysme de
iurs passions. C'est aussi l'époque où la proie est plus
are, les animaux et les oiseaux moins nombreux dans la
artie sud des États-Unis, et alors, de même que la
iim fait sortir le loup du bois, de même l'appétit de
alligator le fait sortir de ses habitudes.

souvent été témoin des frayeurs éprouvées par les esclaves de la Louisiane, du Missouri, de la Floride, de l'Arkansas et autres Etats, dans les eaux desquels vivent les alligators, lorsqu'ils se trouvent en présence de leur ennemi. Il en est peu qui montrent du courage ; aussi, il n'est sorte d'embûches qu'ils ne tendent, de piéges qu'ils ne dressent pour s'emparer de ces animaux et les détruire. L'engin le plus souvent mis en usage est une sorte de grappin fabriqué au moyen de quatre morceaux de bois branchus, auxquels le chasseur nègre fixe une corde longue d'environ trente mètres, dont l'autre extrémité est attachée à un arbre du rivage. Un hameçon en fer est fixé entre les branches de la machine, et ils l'amorcent avec un morceau de viande de péccari. Le tout est suspendu à un pied de hauteur au-dessus de la surface de la lagune ou du fleuve. Une fois cet engin préparé, le nègre prend soit une planche de sapin, soit une écaille de tortue, soit encore une assiette de faïence, et au moyen d'un marteau de bois il frappe en cadence. Bientôt l'on aperçoit la tête de l'alligator sortir de l'eau. Il s'avance graduellement vers la proie qui l'attire, l'examine avec une sorte de défiance, mais peu à peu devenant plus hardi, ou plutôt se laissant emporter par sa gloutonnerie, il se précipite sur l'appât, tire avec force et se trouve pris. »

Ce récit, plein de charme pour un chasseur aussi enthousiaste et aussi intrépide que moi, avait excité mon imagination. Je causai longtemps avec le *trapper* américain que le hasard m'avait fait rencontrer, et, avant de rentrer à Bâton-Rouge, il était convenu que nous passerions ensemble une semaine à parcourir les environs de cette ville. Dès le lendemain, nous avions fait, M. Salters (c'était le nom du chasseur) et moi, nos préparatifs de départ, et le soir même nous étions en route. Le soleil allait disparaître à l'horizon, à la fin d'une magnifique journée d'automne : les rayons doraient les eaux fangeuses d'un bayou voisin du Mississipi, au milieu duquel se jouaient un banc de poissons de toutes grosseurs. Ce bayou, entouré d'une verdure luxuriante, paraissait promettre à mon compagnon de chasse et à moi un *sport* animé. De tous côtés, nos chiens faisaient partir des poules d'eau, des canards, des oies sauvages qui tombaient sous nos coups de fusil répétés. Soudain, un de nos chiens se mit à hurler, et, serrant la queue entre les jambes, il recula lentement en regardant à quelques pas devant lui. Son maître m'appela, et, avec le canon de son fusil, il me montra, accroupi dans la boue, un alligator énorme dont les yeux glauques suivaient tous nos mouvements. A l'instant, et sans nous consulter, nous déchargeâmes tous deux sur l'animal nos quatre coups de fusil ; il était mort, et lorsque nous eûmes amené sur la berge ce gibier d'un nouveau genre, j'oubliai canards, oies et autres fretins, et je restai en extase devant cet amphibie dont la gueule béante laissait échapper une bave visqueuse et fortement imprégnée d'une odeur de musc. Un nègre, qui nous servait de porte-carnier, chargea l'animal sur ses épaules et le transporta jusqu'à notre canot.

Je vois encore sous mes yeux, comme si j'y étais, cette scène fantastique, et le monstre ballotant sur le dos du noir, qui ne paraissait pas être fort à son aise,

quoique l'alligator ne fût plus dangereux pour lui. *
cette heure, l'ovipare empaillé est encore suspend
au plafond de la sucrerie d'un riche planteur du Mis
souri, à qui mon camarade et moi nous en avons fai
don.

Le lendemain, au moment où nous longions, M. Sal
ters et moi, une des lagunes de la rivière Rouge, ver
laquelle nous avions dirigé notre excursion, nous fûme:
témoins d'un combat à outrance entre un alligator femell
et un aigle de la grosse espèce, qui offrait à nos yeux d
chasseur le plus admirable tableau. Barye ou Mène, ce
sculpteurs célèbres, eussent trouvé là pour s'inspirer
un modèle sans pareil. Qu'on se figure le caïman entouré de ses petits, au-dessus duquel déployait la vast
envergure de ses ailes un aigle colossal, long d'enviror
quatorze pieds de la penne extrême d'une aile à l'autre.
Les serres ouvertes, le bec acéré, le roi des oiseaux
planait au-dessus de son ennemi, dont la gueule béant
attendait pour se refermer qu'elle eût pu saisir une
portion quelconque de l'oiseau. Un crépitement fébrile
se faisait entendre, produit par le mouvement des ailes
de l'aigle et par le sifflement de la langue de l'alligator.
L'oiseau et le reptile s'observaient des yeux, l'un prêt
à fondre sur l'autre. Le reptile jetait du feu par les
yeux, et les petits caïmans, ignorant le danger réel,
mais effrayés par le bruit qui se faisait autour d'eux,
se rangeaient sous le ventre de la mère, laissaient à
peine passer l'extrémité de leur tête à la surface de
l'eau. J'étais à quarante pas de ce groupe avec mon
ami, armé comme lui d'un fusil à double canon. L'instant était solennel, l'occasion unique. Aucun de nous

r'osait remuer les lèvres, mais nous nous entendions les yeux.

Tout-à-coup, ce drame aquatique et aérien à la fois fut terminé par une double explosion. L'aigle était frappé à l'aileron, et, se relevant avec peine, il allait tomber à une petite distance du rivage où bientôt mon camarade et moi, nous mettions fin à son agonie, tandis que l'alligator, délivré de cette poursuite, s'éloignait avec sa progéniture dans les méandres hérissés de joncs du marécage.

Depuis cette excursion avec M. Salters, il m'est souvent arrivé de me promener sur les bords des bayous de la Louisiane, et d'y rencontrer des alligators par centaines, sans avoir souvent d'autre arme qu'un bâton (1), et si par hasard je portais un fusil avec moi et que, par désœuvrement, je fisse feu sur un de ces animaux, tous les autres plongeaient à l'instant, pour reparaître à quelques minutes d'intervalle, aussi peu effrayés qu'avant l'explosion.

Les nègres des Etats du sud de l'Union américaine,

(1) Audubon assure qu'à coups de bâton on peut assommer un alligator. J'avoue, en toute humilité, que je n'ai jamais osé essayer un duel de ce genre. Les bouviers et les muletiers américains se hasardent quelquefois, pour raccourcir la route qu'ils ont à parcourir, à traverser, avec les troupeaux qu'ils conduisent, les lagunes et les rivières où vivent les alligators. Rarement, pour protéger leur bétail et eux-mêmes, sont-ils obligés d'avoir recours à un coup de carabine : un long bâton leur suffit si l'animal glouton ose mordre un bœuf ou un cheval, et le bétail, malgré son effroi, se tire toujours fort bien du danger Il y a peu d'exceptions à cette règle générale.

race très facétieuse en général, s'amusent souvent à enfler des vessies de cochon, et à les jeter ainsi au milieu d'un bayou peuplé d'alligators. Rien n'est plus amusant que les efforts et les tentatives infructueuses de ces monstres aquatiques pour saisir le corps léger qui fuit devant eux et paraît éviter tout contact. On les voit se livrer à une lutte d'adresse et d'agilité qui est maintes fois prolongée, et finit par lasser leur voracité.

Au lieu de vessies, on jette quelquefois des bouteilles bien bouchées qui surnagent, et qui, saisies par l'alligator et broyées entre ses formidables mâchoires, déchirent sa gueule de telle sorte que l'eau est teinte de son sang.

J'ai vu des nègres s'emparer des caïmans au *lasso*, de la même manière qu'un taureau ou qu'un cheval sauvage. On m'a raconté qu'au moyen de la pile électrique, on faisait souvent sauter comme une mine, des alligators déjà pris par un hameçon accroché à l'extrémité d'un fil de fer et terminé par un appât muni dans l'intérieur d'une machine infernale autour de laquelle le fil de fer conducteur était enroulé. Je n'ai point vu cette explosion fantastique, mais je suis persuadé que le récit en est vrai, car j'ajoute une foi pleine et entière au chasseur qui m'a narré le fait.

La nombreuse fabrication des machines mues par la vapeur a, depuis quelques années, ravivé l'ardeur du chasseur américain pour la chasse aux alligators. On a découvert que la graisse huileuse de ce reptile est préférable à l'huile de balcine pour graisser les rouages, et je pourrais citer à New-York, comme lans plusieurs grandes villes des États-Unis, plusieurs naisons de commerce qui ont ajouté à la nomenclature les huiles vendues dans leur magasin celle appelée)ar eux : *alligator's oil.*

Pendant la saison torride de l'été, lorsque les lagunes :t les bayous sont desséchés, les alligators se réfugient lans les rivières, et souvent les pêcheurs qui relèvent eurs filets le matin, trouvent au lieu d'un poisson un :aïman pris dans les mailles.

Dès que la froide saison se fait ressentir, les alli-:ators abandonnent les eaux, et, comme les marmottes, e blottissent sous une racine d'arbre, dans un trou rofond. Souvent encore ils s'enterrent dans la vase, ù ils se laissent aller à une torpeur ressemblant fort une inanimation complète.

Les nègres employés pour la chasse des alligators lèvent une *log cabin* dans les parages les plus gi-oyeux, et souvent dans sa journée un seul d'entre ux peut tuer à coups de hache une douzaine de caï-1ans. On les dépèce sur-le-champ, et, les faisant ouillir dans une grande cuve pleine d'eau, on extrait insi toute l'huile que contient leur chair.

Un célèbre voyageur anglais, Waterton, raconte, aus un ouvrage peu connu du public, la manière dont s'empara d'un alligator qui avait été pris à l'hameçon ar des nègres.

Ces pauvres noirs n'osaient pas approcher, et propo-aient de terminer l'agonie de l'animal en lui envoyant ne grêle de flèches ou quelques balles ; mais le but du 1asseur naturaliste était de s'emparer de son sujet sans trop l'endommager. Il songea à lui enfoncer dans la gueule le mât de son canot en guise de baïonnette.

En conséquence, il ordonna à ses nègres de tirer le monstre à la surface de l'eau. C'était une bête énorme, dont les mâchoires, crépitant l'une sur l'autre, paraissaient offrir un assez grand danger. Sans écouter ces justes craintes, M. Waterton donna de nouveau l'ordre de tirer l'alligator sur le rivage, et voici comment il raconte lui-même la fin de cette aventure :

« L'alligator se trouvait à cinq mètres de moi ; je vis aisément qu'il n'était pas très à son aise, et, sans plus faire de façon, je jetai le mât que j'avais à la main et je sautai sur le dos de l'animal. Je glissai d'abord sur ses écailles humides, mais je parvins bientôt à me placer dans une position assez confortable. Saisissant alors ses pieds de devant, et, les ramenant sur le dos, je m'en servis comme d'une bride. L'énorme caïman revenu peu à peu de sa stupéfaction, et, comprenant que ma compagnie n'était pas tout à fait celle d'un ami, se démenait comme un beau diable, faisant voler le sable avec sa queue. Heureusement, placé comme je l'étais près de la tête, je me trouvais hors de son atteinte, mais j'éprouvais une extrême difficulté à me maintenir en équilibre. C'était vraiment un spectacle extraordinaire pour les spectateurs désintéressés. Mes nègres hurlaient de joie, et, n'ayant jamais vu pareil trait d'audace, ils manifestaient ainsi leur étonnement. Je leur commandai alors de tirer encore davantage l'alligator sur le sable, car je craignais, au cas où la corde viendrait à se rompre, de tomber dans l'eau avec ma monture. Là eût été le vrai danger, car je n'étais point, comme Arion, monté sur un dauphin :

Delphini insidens vada cærula sulcat Arion.

» On nous tira donc à environ vingt pas de l'eau, et là je mis fin à l'agonie de mon alligator. C'est la première et la dernière fois que je suis monté à cheval sur un caïman. »

Jamais, je dois le dire, je n'ai été témoin d'une scène aussi émouvante pendant mes chasses aux Etats-Unis, mais j'ai souvent entendu raconter à des *trappers* émérites, qu'ils avaient assisté à des actes d'audace semblables à celui de Waterton ; ce qui fait que je ne me permets point d'appeler cette anecdote une gasconnade.

X

L'Ours gris.

La vie d'un chasseur indien est chaque jour accidentée par des traits d'audace qui, pour être fidèlement traduits, demanderaient la plume d'un habile Cooper. Les différentes tribus de ces enfants du désert ont chacune leurs héros illustrés par le courage dont ils ont fait preuve de diverses manières : les uns par leur instinct à découvrir l'endroit par où leur ennemi a passé, et les autres par le nombre d'animaux sauvages qu'ils ont tués. Un grand chasseur occupe une haute position, un rang élevé parmi les Indiens : c'est, aux yeux de ces peuplades, un titre qui équivaut à celui de prince en Europe, et les exploits qui lui ont valu cette dignité sont pour lui ce qu'est pour nous, hommes civilisés, une brochette composée des décorations de tous les royaumes et empires de l'univers.

Sous la zone où vivent les tribus des Osages, au 38ᵉ degré de latitude, sur le 19ᵉ de longitude, le chasseur rencontre souvent sur son chemin l'ours gris (*grizzly-bear*), l'animal le plus redoutable des forêts de l'Amérique du Nord, que la douleur d'une blessure trouve insensible, dont les mœurs n'offrent point de donnée certaine, et dont la force est telle qu'il peut broyer comme un grain de sable l'ennemi qui tombe entre ses pattes. Les guerriers indiens, quelle que soit la tribu à laquelle ils appartiennent dans les parages où se trouve l'ours gris, n'apprécient rien au delà des griffes de cet animal, pour en parer leur cou musculeux en guise de collier. Cet ornement, joint à la plume d'un aigle tué *à la volée*, que le Peau-Rouge plante au milieu de la touffe de ses cheveux relevés au-dessus de la tête et liés de manière à ressembler à un casque, lui donne un air d'audace qui lui acquiert une place au premier rang.

Le feu allumé à l'abri d'un rocher autour duquel les Indiens se rassemblent à la veillée du soir, n'est pas plus pétillant que ne l'est l'esprit déployé par cette race d'hommes primitifs dans la narration de leurs exploits. A les écouter, on voit les heures s'écouler avec rapidité, et l'instant du repos arrive toujours trop vite. Bien souvent, dans ces récits animés, un vieux *sachem*, qui ne profère pas deux mots de suite dans le courant de la journée, retrouve tout d'un coup la parole ; il babille comme une femme, en s'animant par degrés, tout en racontant les événements qui ont agité sa vie accidentée. Aucune histoire de chasse ne peut être comparée à la rencontre du chef avec un ours gris. La mort d'un ennemi frappé au milieu d'un combat est dénuée d'intérêt, si on la raconte après cette émouvante aventure.

Nous Européens, accoutumés à ces chasses monotones dont la plus dangereuse est celle d'un sanglier excité par un coup de feu, et décousant avec ses boutoirs tout ce qui se trouve devant lui, arbres, hommes et chiens, nous ajoutons à peine foi à ces attaques périlleuses, à ces émotions qui font battre le cœur à briser la poitrine, et dans notre septicisme nous sommes toujours tentés de traiter de mensonge un fait raconté qui sort du terre-à-terre de notre expérience de chasseurs.

J'ai écouté souvent, à l'ombre de la tente des Peaux-Rouges, le récit de ces hommes qui, entourés d'une magnitude immense, vivant au milieu de ces forêts grandioses, auprès desquelles les plus hauts arbres de l'Europe sont autant de pygmées, n'ont nul besoin d'agrandir les ombres du tableau pour en faire ressortir les beautés. La réalité est trop sublime et trop terrible pour être exagérée. Par cette raison même que l'Indien n'a point profité de la civilisation, il n'en a point éprouvé la souillure. A mes yeux, la forfanterie et l'exagération font preuve de faiblesse, et ces deux marques de dégénération n'ont point encore pénétré au milieu des prairies de l'Amérique du Nord.

En général le chasseur, qu'il soit de race blanche ou rouge, possède par instinct les dons extraordinaires de la vue et du toucher, de l'ouïe et de l'odorat, que la pratique développe chaque jour de plus en plus.

Un malheureux aveugle, sourd et muet, sait trouver, par le toucher sa nourriture, ses vêtements ; il parvient ainsi à deviner ceux qui s'intéressent à lui, car c'est sur ce seul sens que tout son instinct est constamment dirigé : le chasseur des déserts a pour lui la vue, rendue si perçante par la pratique, que la plus légère trace laissée sur les feuilles, l'écorce des arbres ou même sur la terre, offre à ses yeux des marques très-sensibles et par conséquent fort visibles, marques qui, pour tout autre, seraient aussi fugitives que la trace laissée par le vol d'un oiseau dans l'espace.

C'est cette science qui dirige l'Indien dans ses chasses à l'homme et aux bêtes ; c'est cette divination extraordinaire qui, parvenue à son plus haut degré, force le visage pâle à proclamer un Peau-Rouge le chasseur émérite des déserts américains ; car le premier de tous les chasseurs est celui qui sait suivre la trace la moins perceptible, et qui ne laisse pas d'empreinte sur les lieux où se posent ses pieds.

Le chasseur qui attaque l'ours gris ne peut être guidé que par la vue, et cet instinct est bien plus certain que le flair d'un chien d'arrêt. L'empreinte des pattes d'un ours sur les feuilles, les brisées qu'il fait aux arbres, son gîte enfin, sont bien plus vite trouvés que l'animal lui-même, et le chasseur expérimenté qui suit sa piste peut décrire à l'avance sans jamais se tromper le sexe, le poids et l'âge de l'animal. C'est pour cela qu'il abandonne souvent telle piste parce que c'est celle d'un animal de petite taille ; telle autre, parce que c'est celle d'une ourse qui a des petits ; celle-ci, parce que l'animal est trop gras et que sa chair doit être mauvaise ; et enfin celle-là, parce que la bête ne vaut pas la peine d'être forcée. C'est là, à mon avis, le savoir qui distingue le *vrai* chasseur du chasseur de *fantaisie*. Le premier n'a pas besoin d'aide pour atteindre le gibier, tandis que le second ne peut agir qu'au moyen d'un chien bien dressé.

Les moyens employés en Amérique pour détruire les ours gris sont peut-être aussi nombreux que les ours eux-mêmes. Aucun de ces animaux ne peut être attaqué par un procédé uniforme, et c'est là sans doute ce qui fait qu'ils sont si dangereux et si difficiles à tuer. Ce qui a réussi une fois à un chasseur peut le livrer, dans une seconde rencontre, aux étreintes de l'ours, et Dieu sait si cette énorme bête, dont la force est telle, qu'elle peut soulever un cheval et l'emporter au loin pour le dévorer, n'aurait pas beau jeu d'un homme seul! Je renvoie ceux de mes lecteurs qui voudraient avoir une idée de ce combat disproportionné, au groupe de M. Frémiet qui avait été placé il y a quelques années à l'exposition de peinture et de sculpture du Palais Royal.

Les ours gris, comme les lions et les tigres, se retirent en général, pendant la journée, dans des grottes où, en hiver, ils se livrent à un sommeil profond, qui est pour ainsi dire doublé à proportion de l'intensité du froid. C'est dans ces caves qu'ils font élection de domicile à la fin de l'automne, ils ne les quittent que lorsque les neiges sont fondues et que le printemps a fait pousser l'herbe des prairies. Il arrive quelquefois qu'un de ces antres est habité par deux ours, mais le cas est rare, car l'humeur insociable de ces quadrupèdes est proverbiale dans les Etats-Unis : ils préfèrent vivre seuls. Le chasseur arrive devant le repaire de l'ours, guidé soit par son instinct naturel, soit par l'habitude qu'il a acquise des différentes passes d'une forêt. Une fois l'animal découvert, il s'agit d'aller l'attaquer dans sa grotte, sans hésitation, sans arrière-crainte, et voici comment on opère.

Un mot encore : je vois d'ici mes lecteurs frissonner à l'idée de s'aventurer seuls au milieu des fissures d'un rocher, où le moindre faux pas et le plus léger tremblement peuvent les livrer aux étreintes d'un ours gigantesque. Qu'on se le dise! cette frayeur est peu rationnelle, il ne s'agit que de s'y habituer. Combien d'hommes, dans les forêts de l'Amérique du Nord, qui risquent cette hasardeuse entreprise dans le seul but de *s'amuser* ou de se procurer les moyens de faire un bon repas !

La première chose que fait le chasseur qui veut aller *attaquer le lion dans sa tannière*, c'est d'examiner d'abord les parois de la grotte où il veut pénétrer. Il se rend compte de la solitude de l'animal ou de sa sociabilité. Dans ce dernier cas, si l'ours avait un compagnon, il les laissera tous les deux tranquiles. L'Indien reconnaît aussi la taille et l'âge de l'animal, l'époque où il est rentré *chez lui*, et cette perspicace divination est un des plus étonnants mystères des connaissances naturelles des Indiens. Le premier chasseur européen à qui l'homme des bois demanderait si telle grotte qu'il lui désignerait est ou n'est pas habitée, ne saurait répondre affirmativement ou négativement, tandis qu'un vrai *trapper* lui dirait : « D'après les marques que l'animal a laissées tout autour de cet orifice, je suis sûr qu'il n'est point sorti

epuis plus de trois mois. Voyez : l'herbe n'est point
ourbée, la terre n'offre aucune empreinte. Je suis
ersuadé que l'ours est dans sa tanière, car les formes
.e ses pattes vont dans la direction intérieure. L'ani-
nal est seul, puisque les marques sont régulières et
emblables en tous points ; il est fort gros, et je le re-
onnais par la largeur de ses pattes ; il est très-gras,
t j'en suis assuré parce que ses pattes de derrière ne
ejoignent pas les empreintes de celles de devant,
omme cela est toujours le cas chez un ours maigre. »

Telles sont les remarques judicieuses que le chasseur vous fait faire, et si mystérieuses qu'elles soient
ilors qu'on ne les comprend pas, dès qu'elles vous
sont expliquées on voit avec quelle habileté la nature
a enseigné ses enfants.

Pourquoi, demandera-t-on, l'ours gris est-il si redoutable à une compagnie de chasseurs qui le rencontre au milieu d'un bois, tandis que lorsqu'il est
dans sa tanière il paraît être si peu à craindre, qu'un
homme seul peut l'attaquer et le mettre à mort ? Je
répondrai que le chasseur va au-devant de l'animal
dans l'obscurité, à l'époque où il est engourdi par le
froid, et que par conséquent il le surprend avec facilité. Voilà trois choses indispensables à observer pour
arriver au succès de l'entreprise, et, si ce n'étaient
ces avantages, ni la rapidité du coup d'œil, ni le sang-
froid, ni l'adresse, ne pourraient protéger un seul moment l'audacieux qui ose déranger l'ours gris dans sa
demeure.

Une fois que le *trapper* sait à quoi s'en tenir sur
l'habitant de la grotte, il se munit d'une chandelle

faite de cire commune mêlée à de la graisse, et don
la mèche est très-épaisse, de manière à produire un
brillante flamme. Armé seulement de sa carabin
(car un couteau ne sert à rien, une lutte avec l'anima
étant impossible), l'Indien éclaire sa marche avec s.
chandelle et s'avance sans savoir de quel côté l'our
gris va s'élancer au-devant de son agresseur. Bientô
il fiche cette brillante lumière dans un des interstice:
du rocher et se couche à plat ventre, de manière à dé·
rober sa vue et à être prêt à tirer l'animal dès qu'il s
montrera.

Entendez-vous ce grognement terrible? C'est l'ours
qui s'éveille ; le voilà qui se dresse : il secoue sa fourrure feutrée, pareille à celle d'un chien de Terre-
Neuve, et, bâillant comme tout être arraché à son
sommeil, il fait quelques pas en avant. Le *trapper*
demeure immobile, et, sa carabine prête à faire feu, il
attend avec anxiété que l'ours soit en vue et à portée.
Quelle émotion agite toutes les fibres de cet audacieux
pour qui la retraite n'est plus possible et dont la vie
dépend de la justesse de son coup d'œil et de la sécheresse de la poudre avec laquelle son arme a été chargée! Que sa balle dévie d'une ligne, c'est un homme
mort! L'ours ordinaire a certainement la vie dure et
bien souvent on en a vu qui, blessés à n'en pas échapper, ont soutenu le combat pendant des heures entières ; l'ours gris est, lui, bien plus terrible encore :
l'épaisseur de son poil, la force de ses os, semblent
mettre son cœur à l'abri des balles, et sa cervelle est
encaissée dans un crâne dont les parois sont aussi
dures que le granit. Une balle, atteignant l'ours gris

1 milieu du front, s'y aplatirait comme sur une plaque
3 fer ; c'est donc au milieu de l'œil que l'Indien doit
apper l'animal, car c'est là le seul chemin par lequel
. balle pénétrera dans la tête et paralysera la force
3 cette bête gigantesque.

Regardez!.. l'ours, arrivé devant la chandelle, a
vé sa patte énorme, comme s'il voulait l'éteindre; au
ê

me instant l'Indien a fait feu, et au milieu de l'obscu-
té dans laquelle la scène que j'ai cherché à décrire
ient de retomber, l'on n'entend qu'un hurrah fantas-
que, chant de victoire d'un vainqueur heureux. Le
apper a tué l'ours gris !

Pendant mon séjour au milieu des Indiens Cherokees,
1 wigwan de la *Creek-River*, l'un d'eux racontait
evant moi, le soir à la veillée, qu'il espérait faire le
ndemain une fort belle chasse, car il avait décou-
ert le matin même la tanière d'un ours gris qu'il vouit aller tuer tout seul. Je demandai à l'accompagner
our assister à ce combat singulier d'un genre tout
ouveau pour moi. Naturellement tous les hommes du
amp nous suivirent, et nous avions à peine fait un
ille à travers un fourré de cotonniers et de lianes,
rsque l'Indien nous assura qu'il avait trouvé les traces
e l'animal. Nous parvînmes ainsi, sur ses pas, devant
n arbre gigantesque, dont la circonférence avait au
oins trente mètres. C'était un érable de la plus res-
ectable vétusté, dans le tronc duquel l'Indien assu-
ait que l'ours avait fait élection de domicile, et où il
e disposait à aller le troubler dans son repos. Jamais,
'ose le dire, je n'ai rien vu de plus admirable que cet
omme, se disposant ainsi à affronter un des plus ter-

ribles dangers qu'il y ait au monde. Une joie qui tena
de la férocité éclatait dans ses yeux. Rejetant la cou
verture sous laquelle ses larges épaules étaient abr
tées, il leva ses bras en l'air, brandissant un terribl
bowie-knife, et nous recommanda, par le regard, d'ob
server le plus profond silence.

J'imitai les Indiens qui étaient venus, comme moi
pour assister à cette chasse, unique dans son genre, e
je m'élançai sur un jeune arbre qui fléchissait sous moi
poids, me rappelant que les ours grimpent sur les gro
troncs aussi facilement que les écureuils. Et dès qu'i
nous eut vus en sûreté, l'Indien chasseur pénétra dans
la tanière de l'ours.

Bientôt un grognement guttural se fit entendre e
aussitôt après, l'Indien s'élança hors du tronc de l'arbre, s'écriant que l'ours avait vécu. Chacun de nous
quitta son poste aérien, et deux Cherokees, pénétrant
par l'issue étroite de l'érable, attachèrent les deux
pattes de derrière de l'animal à une corde faite de lianes,
et, avec le concours de tous les chasseurs, parvinrent
à faire sortir à reculons le cadavre d'une énorme bête,
qui pesait plus de deux cents kilogrammes. Au moyen
de la même corde, l'ours gris fut pendu à dix pieds au-
dessus du sol, et chacun reprit le chemin du camp de
la Creek. Tout le long de la route, les Peaux-Rouges
faisaient de nombreuses *brisées ;* et dès que nous
fûmes arrivés, quatre Indiennes, s'orientant sur ces
indices de chasseurs, partirent afin d'aller dépécer
l'animal et en rapporter la viande et la fourrure. Je ne
crois pas devoir insister ici sur le festin copieux que
nous procura la chair de maître Martin ; mais je saisis

tte occasion pour justifier, une fois encore, notre cher
aître Alexandre Dumas du reproche de hâbleur qui a
té dans le temps dirigé contre lui au sujet des beef-
teaks d'ours qu'il assurait avoir mangés. Aux Etats-
nis, les cuissots d'ours se vendent au marché, comme
Paris les gigots de chevreuil. C'est un mets ordi-
aire, dont la saveur rappelle celle des viandes de bœuf
t de porc mêlées ensemble, avec cela de plus qu'elle
st un peu sauvage. Qu'on se le dise !

Voici une anecdote de chasse à l'ours dont j'ai été
moi-même l'un des principaux héros pendant mon sé-
our aux Etats-Unis. La scène se passait sur le versant
les montagnes Allegannys. Je revenais, en compagnie
e deux amis, d'une chasse aux oiseaux de passage,
ui s'ébattaient sur la surface d'un beau lac. La neige
ouvrait le rivage sur le bord duquel nous avions at-
aché notre barque. Un bois de cèdres s'élevait devant
ous, et notre guide nous fit remarquer, au pied de
'un de ces arbres séculaires, un amas de feuilles, de
mousses et de branches d'arbres, au milieu duquel une
uverture était pratiquée. Il était persuadé que c'était
a tanière d'un ours gris.

A l'aide d'une hache qu'il portait à sa ceinture, notre
guide abattit un jeune cèdre dont il effila l'extrémité ;
se postant ensuite à l'orifice de la tanière, cet épieu
l'une main et sa hache de l'autre, il se mit à four-
gonner dans l'intérieur de ce monceau de bois mort.
A peine avait-il commencé ce jeu, qu'un ours s'élança
par l'orifice, mais le guide lui asséna sur le front un
coup de sa hache si terrible, que l'animal rugissant se
retira au plus profond de sa tanière.

L'épieu fut de nouveau introduit dans l'ouverture et le fourgonnement recommença. Comme tout brui avait cessé, je proposai d'envoyer, à tout hasard, une balle dans l'intérieur. La balle partit en sifflant et quelques secondes après, un ourson, à peine gros comme un renard, s'élança au dehors en faisant des bonds précipités; puis il se jeta à la nage dans le lac. Un de mes camarades et moi nous déchargeâmes nos fusils sur lui; je fus le plus heureux des deux : ma balle avait atteint l'animal, qui cessa tout mouvement et fut ramené vers la rive à l'aide du bateau.

Pendant ce temps-là, le troisième chasseur faisant feu encore dans le fond de l'antre. Rien ne bougeait plus. Un silence profond régnait dans le trou obscur. Nous nous décidâmes à arracher les branches et la mousse, pour mettre à découvert la caverne des ours. Au fond de la tanière gisait, morte, la femelle, dont le crâne avait été ouvert par la hache de notre guide. Une seule balle avait mis fin à ses jours : c'était la mienne. On la retrouva dans le corps en le dépouillant de sa peau, et comme j'étais le seul dont le fusil fût du calibre n° 16, mes camarades se virent obligés de convenir que j'étais le roi de la chasse. Le guide seul partageait avec moi les honneurs de la victoire.

XI

Le Caribou.

Pendant le mois de janvier de l'hiver de 1845, qui fut aux Etats-Unis l'un des plus froids que l'on eût jamais éprouvés, j'étais assis, le soir, au coin du foyer de la vaste salle à manger d'un fermier de l'Etat de de New-Brunswick. M. Thomas Howard, mon hôte, était un des plus intrépides chasseurs du comté, et, grâce à la recommandation de mon ami M. William Porter, le spirituel rédacteur en chef du journal des chasses de New-York, *The Spirit of the Times*, j'avais été reçu par ce Nemrod américain avec une.hospitalité vraiment écossaise. La neige tombait au dehors en épais flocons, et fouettait les fenêtres de l'appartement où nous nous trouvions, M. Howard et moi, auprès d'une table sur laquelle un domestique avait placé une bouteille de vin de Xérès.

— Remplissez votre verre et le mien, Bénédict, me dit M. Howard, je veux boire à la France, votre cher pays, et à tous les chasseurs qui, comme vous, sont animés du feu sacré. Je n'ai pas oublié, mon intrépide ami, que je vous ai promis de vous faire tuer un caribou (1) avant votre retour à New-York. Vous savez que cet animal court avec une rapidité incroyable, et que, pour l'aborder à distance, il faut le suivre à la piste avec des souliers de neige, ces grandes raquettes que vous voyez là pendues à la muraille.

Et M. Howard me montrait deux immenses patins de forme ovale, façonnés comme les raquettes avec lesquelles on joue au volant en France. C'est la chaussure dont se servent les Indiens pour ne pas enfoncer dans la neige.

— Vous aurez, reprit-il, assez de mal à vous servir de ces raquettes la première fois que vous les mettrez à vos pieds ; mais je suis sûr qu'après avoir fait tout au plus quinze pas, vous surmonterez bientôt cette difficulté. Vous savez, continua M. Howard, que mon ami l'Indien Monaï m'a promis de venir ici aussitôt que le temps serait favorable pour chasser le caribou ; et comme rien n'est plus propice pour entreprendre cette chasse que la neige qui couvre aujourd'hui le sol, je suis persuadé que nous le verrons bientôt arriver

(1) Le caribou est le plus grand cerf de l'Amérique du Nord. C'est un animal dont la forme ressemble beaucoup à celle du renne de la Laponie, mais dont les mœurs sont tout à fait différentes. Le caribou est, sans contredit, aussi dangereux que le bison, et quoiqu'on dise qu'il n'attaque point l'homme, il ne faut pas trop se fier à la timidité qu'on s'accorde à lui attribuer. Comme gibier, le caribou est un délicieux manger, aussi délicat que le chevreuil, aussi juteux que le lièvre.

peut-être ce soir. Le camp de la tribu à laquelle il appartient n'est qu'à cinq milles de ma maison, et un Indien, mon cher ami, ne manque jamais à la parole donnée.

Il achevait à peine ces mots, que les aboiements prolongés des chiens annoncèrent l'arrivée d'un étranger. Un moment après, un sifflement aigu comme celui d'une locomotive résonna au dehors, et les chiens, changeant de voix, firent entendre des cris de joie qui prouvaient que celui qui entrait dans la cour de la ferme leur était intimement connu.

— Voilà Monaï! s'écria M. Howard : quand on parle du loup, mon cher, vous savez... Mes chiens connaissent l'Indien, et lui font fête.

En effet, la porte s'ouvrait sans que personne eût frappé, contrairement à l'usage de la civilisation, et l'Indien Monaï entra dans la salle à manger. C'était un homme de moyenne taille, fortement constitué ; sa figure était belle et expressive, quoiqu'une profonde mélancolie fût empreinte dans son regard, et ses yeux brillaient comme des escarboucles. Après avoir jeté un rapide coup d'œil autour de la salle, Monaï s'avança silencieusement vers la cheminée.

Ses vêtements consistaient en une blouse de peau de buffle, ornée de broderies faites avec des piquants de porc-épic, et d'une frange taillée dans la peau elle-même. Ses jambes étaient recouvertes d'un caleçon de peau formant guêtre sur les mollets et se boutonnant, du genou jusqu'à la cheville, par des olives de cuir ornées de franges semblables à celles de la blouse. Deux petits mocassins faits de peau de peccari chaussaient les pieds de Monaï, qui étaient aussi menus que ceux d'une senorita espagnole.

A un large ceinturon était suspendue une poche façonnée de la dépouille d'une loutre et ornée de dessins semblables à ceux qui tatouaient le costume entier de cet enfant des forêts. Monaï prit dans un coin de la salle une escabelle de bois qui servait ordinairement de siége à une petite fille, le seul enfant de M. Howard, l'approcha du feu, s'assit, et tirant de sa poche un étui pareil à ceux dont nous nous servons en Europe pour porter nos cigarres, il me l'offrit, sans parler, avec une grâce toute charmante. Pendant que j'admirais ce présent de l'Indien, il remplissait tranquillement sa pipe de tabac, l'allumait au foyer incandescent, et après avoir lancé quelques bouffées, il me la fit passer, m'engageant du regard à m'en servir à mon tour.

J'aime peu la pipe, je l'avoue : le tabac fumé dans ces calumets me donne des nausées; aussi j'allais refuser, lorsque M. Howard me dit :

N'ayez pas peur, mon hôte, ce tabac ne peut point vous faire de mal; essayez et vous verrez que Monaï n'a point envie de vous empoisonner.

En effet, je trouvai le tabac de Monaï si délicieux, que je fus assez indiscret pour charger de nouveau la pipe lorsque j'eus fini de fumer la première.

Pendant ce temps-là, M. Howard, remplissant un verre avec du vin de Xérès, le présenta à Monaï.

— Mon frère, lui dit-il, restera-t-il avec nous cette nuit ?

Monaï, avant de répondre, avala le Xérès jusqu'à
a dernière goutte.

— L'Indien va demain à la chasse, répondit-il. Le
emps est favorable pour attaquer le caribou ; la neige
 neuf pouces et demi d'épaisseur. Mon frère blanc
iendra-t-il avec moi? J'ai apporté deux paires de raquettes neuves, l'une pour lui, l'autre pour moi.

— Dans quelle direction chasserons-nous, Monaï?

— Au nord, là où nous sommes allés l'an dernier :
es caribous sont nombreux, car les Indiens n'ont
oint encore visité la forêt.

— Eh bien! Monaï, si tu veux me laisser emmener
non ami que voici, dit M. Howard, en me désignant
u Peau-Rouge, j'irai avec toi.

Monaï, à ces mots, jeta sur moi un regard rapide,
t après un moment de silence, il m'adressa directe-
nent la parole :

— Le visage pâle, mon frère, sait-il se servir de raquettes ?

A vrai dire, je n'osais assurer Monaï de mon habi-
eté à marcher aisément avec une chaussure aussi
nouvelle pour moi. J'allais répondre non, lorsque
M. Howard, qui comprit mon hésitation, dit à Monaï :

— Je me charge de mon frère le visage pâle ; s'il ne
peut nous suivre à la chasse, il restera au camp et pré-
parera notre nourriture.

Quoique l'Indien ne parût pas apprécier beaucoup
et arrangement, il fit un signe d'assentiment, et nous
commençâmes à convenir de tout ce qu'il fallait faire
pour être prêt à partir le lendemain au point du jour.

Nous avions vingt-deux lieues à parcourir, afin d'arriver au rendez-vous de chasse. M. Howard s'occupa sur-le-champ de préparer les carabines, la poudre, les balles, les vêtements et les provisions de bouche. Je l'aidai dans tous ces préparatifs, qui nous avaient forcés de quitter l'appartement où nous étions assis avant l'arrivée de l'Indien ; et lorsque nous revînmes, une demi-heure après, notre ouïe fut désagréablement surprise en entendant un ronflement sonore qui faisait retentir les échos de la salle à manger : c'était Monaï, qui, étendu sur le tapis, devant le feu, avait jugé prudent de se préparer par le sommeil aux fatigues de notre chasse du lendemain.

—Cet original, me dit M. Howard, préfère ce morceau de tapis au meilleur lit de la maison. Nous n'avons qu'à lui laisser ce qui est nécessaire pour entretenir le feu, et il sera content comme un roi. Venez, mon ami, allons nous coucher. Demain matin, si vous êtes réveillé par un Peau-Rouge, n'ayez pas peur, ce sera Monaï qui peut-être viendra vous tirer par les pieds, suivant son usage.

A trois heures et demie du matin, la lumière d'une lampe frappant mes paupières mi-closes me réveilla en sursaut : je croyais voir Monaï devant moi, lorsque la voix de M. Howard me tira de l'incertitude où m'avait mise la vue d'un homme costumé en véritable Indien.

— Debout ! debout ! mon cher, s'écria-t-il ; tout est prêt, le café se refroidit, et si vous ne vous hâtez, Monaï, qui est déjà à table, ne nous laissera ni une côtelette, ni une tranche de jambon à manger. Voici un costume semblable au mien; habillez-vous et descendez.

Une foi le déjeuner expédié, lorsque notre estomac eut été réchauffé par un verre de whiskey, nous nous élançâmes tous trois dans un *light sleigh*, traîneau américain d'une forme particulière, et notre cheval nous conduisit en sept heures à un village situé à une lieue du rendez-vous de chasse.

Dans une auberge, à l'enseigne de l'immortel Washington, méchante taverne qui n'avait de confortable que le *bar-room*, ou plutôt la tabagie de la maison, nous trouvâmes des lits durs comme des billards, mais sur lesquels nous dormîmes sans trop faire les difficiles. Le lendemain, à la pointe du jour, nous nous disposâmes à partir. Au moment où j'allais terminer ma toilette, en chaussant mes mocassins, M. Howard arrêta mon bras, en disant :

— Attention, mon ami, voici votre première leçon : passez d'abord ces chaussettes de laine; maintenant, entortillez-vous les pieds de ces deux morceaux de feutre, et puis vous mettrez vos mocassins par-dessus; et enfin, laissez-moi vous attacher aux pieds les redoutables raquettes. A présent, Bénédict, écartez les jambes pour marcher; car si vous avanciez comme à l'ordinaire, votre nouvelle chaussure ayant trois pieds de longueur, vous seriez sûr de choir.

Et, sans ajouter un mot, il prit son fusil et suivit Monaï, qui était à cinquante pas devant nous.

J'avais à peine remué trois fois les pieds, que je m'enchevêtrai dans mes raquettes, et je me laissai tomber sur le nez. Sans sourciller, je me relevai ; et après deux ou trois chutes semblables, qui heureusement, eu égard à l'épaisseur de la neige, n'avaient point été dangereuses, je savais me servir de mes raquettes.

Après deux heures de marche au milieu d'une épaisse forêt de cèdres et de pins, nous arrivâmes sur les bords d'une source d'eau chaude, où nous prîmes quelques instants de repos ; puis nous nous remîmes en route. J'observai que Monaï, qui nous servait de guide, s'avançant avec précaution, examinait les empreintes sur la neige et les brisées aux branches d'arbres. A la fin, il s'arrêta devant un tronc d'arbre renversé, et, se courbant sur un des côtés, il enfonça son bras dans la neige.

— Il y a des cerfs près d'ici, me dit Howard ; voici devant nous les fumées encore toutes fraîches. Ces animaux ne peuvent point concourir sur une neige aussi épaisse ; nous allons les rencontrer à peu de distance dans une *basse-cour* (1).

Maintenant, mon cher, observez le plus grand silence, et si un cerf venait à partir à votre portée, je vous en supplie, ne tirez pas ; car, quoique nous soyons encore à près de trois milles du parc aux caribous, ces animaux ont l'ouïe si fine, qu'ils pourraient nous entendre et disparaître avant notre arrivée. — Ici, Jack !

____

(1) C'est ainsi qu'on appelle un terrain déblayé par les cerfs, qui piétinent la neige dans un endroit qui forme un abri, sous un grand cèdre ou devant un rocher.

errière! ajouta M. Howard en parlant à un magniue chien courant. Regardez, me dit-il, le voilà qui a
ouvé la piste.

Plus nous avançions, plus les empreintes étaient
iarquées ; Jack fut mis en laisse ; Monaï marchait en
vant, et nous le suivions en silence. Jack fourrait son
ez dans toutes les fumées des cerfs ; il écumait et les
eux lui sortaient de la tête, mais il ne donnait pas de
i voix. Tout d'un coup, Monaï se jeta par terre ;
[. Howard l'imita : moi seul je me tenais debout,
irsque je reçus sur les tibias un coup de la crosse du
isil de mon ami qui me força à me placer au même
iveau que lui. J'allais lui demander ce que cela vouit dire, quand, en relevant la tête, j'aperçus à deux
ints pas devant nous un cerf et six biches couchés
ir la neige, et probablement endormis. Malgré la dénse de M. Howard, j'avais mis en joue ma carabine ;
illais tirer, lorsqu'un autre coup de crosse me rapila le conseil que j'avais reçu. M. Howard se releva
entôt, et, se glissant d'arbre en arbre, de buisson en
iisson, il chercha à s'approcher le plus près possible
: la harde, pendant que Monaï et moi nous restions
imobiles spectateurs de cette scène émouvante que
ut chasseur appréciera comme elle le mérite.
Tout d'un coup, la harde entière se leva, le cou tendu
les yeux animés, cherchant à distinguer l'ennemi que
ustinct lui faisait pressentir. L'odorat des cerfs semait être en défaut et ne leur apporter que les senteurs
: la forêt de cèdres, lorsque le mâle de la harde s'ainça du côté de M Howard, suivi de ses biches, et
irvint ainsi jusqu'à dix pas de l'arbre derrière lequel

M. Howard était caché. Au même instant, un mouchoir rouge, déployé par mon hôte, frappa la vue de l'animal. Au lieu de s'arrêter, le noble cerf, relevant sa tête, surmontée du plus admirable bois que j'eusse jamais vu, s'avança encore; et il allait presque toucher le mouchoir de la pointe de son museau, lorsque Jack, s'élançant sur lui, l'attrapa par le cou et lui fit une large blessure. Inutile de dire que le cerf et ses biches détalèrent devant nous avec la rapidité de l'éclair, poursuivis par Jack, M. Howard et Monaï, qui m'eurent bientôt devancé, glissant sur la neige, au moyen de leurs raquettes, aussi rapidement que les patineurs de Hollande sur les canaux du Zuyderzée.

Bientôt je les eus perdus de vue, quoique je fisse de mon mieux pour suivre leurs traces. J'arrivai enfin à un endroit où l'aspect du terrain m'indiquait qu'un combat avait eu lieu, car la neige était couverte de larges taches de sang. Au loin, devant moi, j'entendais les voix de M. Howard et de Monaï retentissant dans la forêt. Je suivis encore le sentier creusé dans la neige par mes camarades de chasse, et je parvins au bout de quelques minutes à une pente douce conduisant vers une vallée au milieu de laquelle s'étendait un lac aussi rond que le grand bassin des Tuileries. Jamais mes yeux n'avaient été frappés par un plus admirable spectacle. Le vent avait balayé la neige qui recouvrait le lac glacé, et les rayons du soleil miroitaient sur cette surface polie comme sur une glace de Venise aux facettes multiples. M. Howard et Monaï, que je retrouvai à la lisière du bois, me montrèrent le cerf, blessé, poursuivi à distance par Jack, et 'uyant autour du lac avec la rapidité d'une flèche.

— N'est-ce point là un magnifique coup d'œil? me dit M. Howard lorsque le cerf passa à quarante pas de nous, et ne serait-on pas tenté de loger une balle dans les flancs de cet animal? Venez, venez, ajouta-t-il en reprenant sa course, il nous faut arriver à la culée du lac, où se dirige notre gibier. Regardez, mon ami, il s'affaisse, Jack lui saute à la gorge! Le voilà qui se relève! — Brave chien! Tayaut! tayaut! sus! sus! — Ah! voyez! le cerf se relève, emportant avec lui Jack, dont les crocs ont pénétré trop avant dans les chairs. — On dirait une souris à cheval sur un chat! — Hurrah! hurrah!

Et tout en parlant ainsi, M. Howard tombait comme la foudre sur le cerf harassé se débattant avec les dernières forces d'un mourant, et tirant de son étui un très-grand couteau de chasse américain qui pendait à sa ceinture, il le plongeait sans sourciller dans la poitrine de l'animal.

Lorsque j'arrivai, tout haletant, à cet hallali d'un genre nouveau pour moi, M. Howard caressait Jack, qui, sans trop se soucier des flatteries de son maître, lappait à pleines gorgées le sang qui s'échappait de la blessure béante.

— Bon chien! disait M. Howard, brave Jack! les meilleurs chiens courants d'Angleterre n'auraient pas mieux travaillé que lui; et d'ailleurs, au lieu de glisser sur la neige comme lui, ils y enfoncent trop profondément; et puis, aucun d'eux n'est capable de saisir un cerf par le cou sans le lâcher! — Monaï, dit-il, s'adressant à l'Indien, qui regardait ce tableau avec l'impassibilité d'une statue, voyons, tu vas dépécer cet animal avant qu'il ne soit gelé ; coupe les meilleurs morceaux, et laisse le reste aux coyotes. Nous avons assez de venaison pour nos provisions de chasse. Venez avec moi, Bénédict, je vais creuser un trou dans la glace, et essayer de vous faire pêcher quelques truites, afin que nous ayons à notre dîner de la chair et du poisson. Je ne crois pas que vous puissiez trouver mieux à Paris, chez Véry ou aux Frères Provençaux.

Aussitôt dit, aussitôt fait : la hache rencontra bientôt l'eau limpide du lac, qui rejaillit en perles brillantes sur nos habits de cuir. Monaï amorça deux lignes de fond avec un morceau de poumon de cerf ; et pendant que je les tenais des deux mains, M. Howard alla préparer le feu pour faire cuire notre repas.

Une à une, je pêchai quatre truites magnifiques, et je prenais goût à ce *sport* nouveau pour moi, lorsque M. Howard me héla, me disant de venir le rejoindre et d'apporter le produit de ma pêche.

Les truites furent livrées à Monaï, qui leur ôta les écailles, les vida, et les fendant de la tête à la queue, les embrocha à une branche de bois sur laquelle quatre autres branches placées en croix les tenaient ouvertes en forme d'éventail. Sur un brasier ardent, au-dessus duquel rôtissaient plusieurs tranches de venaison, nous plaçâmes les truites, ainsi préparées, au-dessous desquelles nous étendîmes sur deux pierres quelques tranches de pain qui devaient servir de rôties à la graisse de ce poisson succulent. Le repas était prêt : j'appelais l'Indien pour y prendre part avec nous, lorsque M. Howard me dit :

— Ne perdez pas votre temps à inviter Monaï, qui
e prend sa nourriture qu'une fois par jour, et ne boit
amais autre chose que de l'eau. Nous qui ne sommes
as accoutumés à cette sobriété, nous allons pro-
éder.

Et, s'asseyant sur un tronc d'arbre renversé, il at-
aqua à belles dents le menu qui fumait devant nous.

Je dois l'avouer ici, à part l'appétit qui assaisonne
oute nourriture, les *deer steaks* et les truites étaient
ignes de la table du plus difficile gourmet ; et c'est à
eine si Jack put trouver quelques bribes de notre dî-
er pour assouvir sa faim : heureusement qu'il ne dé-
estait pas la chair crue, et que Monaï lui tailla une ou
eux portions qui le récompensèrent au delà de ses
ésirs. Une pipe de tabac indien termina le festin, et
ous nous étendîmes sur le sol, en attendant que Monaï
ût achevé de dépecer le cerf.

Nous nous livrions ainsi, M. Howard et moi, aux
ouceurs du repos depuis trois quarts d'heure, lorsque
onaï s'avança vers nous, tirant par une courroie un
aîneau sur lequel il avait placé toute la venaison.
on-seulement l'Indien avait dépouillé l'animal, et en-
eloppé dans sa « nappe » tous les morceaux qu'il avait
oisis pour nous, mais encore, dans l'espace d'une
eure, il avait construit le traîneau qui devait les trans-
orter ; et ce véhicule grossier était si solide, qu'il y
vait amarré cent cinquante livres de viande.

Nous continuâmes notre route, et quand nous par-
înmes dans la région où nous devions trouver les ca-
bous, le soleil allait disparaître derrière l'horizon.

Le pays au milieu duquel nous nous trouvions était

couvert de bois : devant nous s'élevait une haute mon
tagne, et dans la vallée qui s'ouvrait sous nos pas
coulait, sur un lit de rochers, un torrent dont le
eaux bouillonnaient comme celles d'un courant d'eau
thermale.

Partout, sur la neige, les fumées étaient visibles
et M. Howard me dit, en me montrant une large empreinte sur le tapis glacé au-dessus duquel nous mar-
chions :

— Comme c'est la première fois que vous voyez une
trace de caribou, observez qu'elle ressemble à celle du
pied d'un bœuf, aussi large et aussi pesante; et quand
vous apercevrez cet animal gigantesque, je vous promets un plaisir qui vous paiera de toutes vos fatigues.

Nous parvînmes, après une série de marches et de
contre-marches, ou plutôt de glissades sur la neige,
devant une cabane qui servait depuis plusieurs années.
de rendez-vous de chasse à M. Howard et à Monaï.
C'était une hutte de forme carrée, faite de troncs d'arbres superposés les uns sur les autres, et soutenus
dans cette position horizontale par des pieux plantés,
en dedans et en dehors, dans la terre. Le toit, formé
aussi de troncs d'arbres inclinés, était recouvert, comme
les autres parois de la hutte, de boue délayée et d'é-
corces d'arbres qui remplaçaient la tuile. Cette *log
cabin*, quoique inhabitée, était en fort bon état, et la
couverture de neige qui l'enveloppait rendait cet abri
fort confortable. Monaï eut bientôt déblayé l'entrée de
ce logis agreste, nettoyé l'intérieur et allumé, dans une
cheminée informe, dont le foyer était fait avec des

erres brutes que le marteau d'un ouvrier n'avait ja-
ais touchées, un feu pétillant qui ranima nos mem-
res engourdis et fatigués. Pendant que l'Indien s'oc-
upait ainsi, M. Howard et moi nous coupions du bois
our la provision, et des branches de cèdre qui, dispo-
ées sur le sol, allaient devenir les matelas sur les-
uels nous devions passer la nuit. Sur cette litière
improvisée nous étendîmes nos couvertures de laine,
t je puis assurer mes lecteurs que notre couche n'était
oint trop mauvaise.

Le crépuscule avait fait place aux ténèbres ; Monaï
illuma une torche de résine, et la plaça dans un des
angles de la cabane : notre souper fut dévoré en quelques instants, et bientôt après, les pieds devant le feu,
et la tête enveloppée dans nos couvertures, nous ron-
lions tous les trois à qui mieux mieux.

Deux heures avant l'aube du matin, je fus réveillé
par Monaï, qui s'occupait des préparatifs de notre
chasse. La porte de la *log cabin* était ouverte, et de
mon lit de cèdres j'apercevais un ciel sans nuage et
l'étoile du matin qui brillait à l'horizon. L'air était fort
vif ; mais comme aucun vent ne soufflait, le froid était
très-supportable. D'un seul bond, je me levai, et grâce
à l'eau d'une source que j'avais vue sourdre au pied
d'un pin gigantesque, à quelques pas de la hutte, je
sortis bientôt de l'engourdissement que l'on éprouve
toujours lorsqu'on couche tout habillé. Je me sentais
si dispos, que sans y songer je me mis à chanter à
pleine voix :

Amis, la matinée est belle !

Mais à peine avais-je terminé ce premier vers, que M. Howard, se précipitant hors de la hutte, me cria d'une voix terrible :

— Taisez-vous donc, malheureux ! Silence ! ou vous allez faire fuir le gibier à deux lieues de distance. Les caribous ont l'oreille aussi fine que des lièvres de votre pays, et leur instinct est bien plus grand que celui d'un renard.

Monaï, de son côté, murmurait dans sa langue, une malédiction à mon endroit, que M. Howard put seul comprendre.

Le déjeuner fut bon et copieux ; aussi notre force était doublée, et nous nous hâtâmes de chausser nos raquettes. Les rayons du soleil dardaient à l'horizon, au milieu du brouillard humide du matin, qu'ils dissipaient graduellement. Nous partîmes tous trois, observant le plus profond silence ; et je crois, à dire vrai, que l'on n'entendait que le battement de mon cœur, tant j'étais ému à l'idée que j'allais bientôt rencontrer cet animal merveilleux, le roi des forêts de l'Amérique du Nord. L'aspect du paysage au milieu duquel nous nous avancions était d'un grandiose admirable ; l'immobilité de la nature n'était troublée que par les sauts des écureuils et le vol des pies et des corneilles. A chaque pas, nous rencontrions la piste des caribous ; mais, sans nous arrêter, M. Howard et moi nous suivions Monaï, à qui nous avions abandonné la direction de la chasse.

Nous arrivâmes bientôt au pied d'une montagne élevée ; et là seulement, Monaï, se tournant vers

ous, nous apprit à mi-voix que nous approchions du
eu fréquenté par les caribous, qui se plaisaient à paî-
·e au soleil. L'Indien nous recommanda de nouveau
'observer un profond silence, et nous avançâmes à sa
uite. A quelques pas de là, nous trouvâmes une fumée
ui paraissait toute fraîche. Monaï nous assura qu'un ani-
nal avait dû passer par là, il y avait à peine deux heu-
es ; et, prenant une direction en dessous du vent qui
oufflait depuis quelques instants, il nous conduisit à une
· basse-cour » où les caribous avaient dû s'abriter pen-
:ant la nuit, car on voyait, tout autour de quelques
èdres rabougris, un espace où la neige était foulée
omme dans l'endroit où nous avions rencontré la veille
ı harde des cerfs. M. Howard, enfonçant sa main dans
ı neige, prétendit qu'elle était encore *chaude*, et que
e caribou qui s'était arrêté là ne devait pas être très-
·loigné.

Notre premier soin fut alors de renouveler les cap-
ules de nos fusils, puis M. Howard attacha son chien
'ack à une corde, afin de le tenir en laisse. Les fumées
lu gibier que nous poursuivions se dispersaient dans
:outes les directions autour de nous, et, à moins d'a-
·voir une parfaite connaissance des mœurs des caribous, il eût été difficile de choisir la trace véritable.

Ce fut Monaï qui nous tira d'embarras. Après quelques minutes d'un examen minutieux, l'Indien nous
fit signe de le suivre, et nous avançâmes avec la plus
grande précaution. En jetant les yeux sur les empreintes qui se trouvaient devant moi, je remarquai
que partout où la neige avait été foulée par les pieds
des animaux, elle avait une teinte bleuâtre, et qu'elle

était friable comme de la farine : il était donc certain que nous étions près d'atteindre les caribous.

Monaï s'arrêta tout d'un coup, et, s'agenouillant avec agilité, il délia les cordes qui tenaient les raquettes attachées à ses pieds, dans le but de faire le moins de bruit possible en marchant.

M. Howard, se retournant vers moi, me fit signe de m'approcher de lui, et il me dit alors dans le tuyau de l'oreille :

— Mon cher ami, j'ai une dernière recommandation à vous faire : ne me quittez pas du regard ; suivez-moi à deux pas de distance, et surtout ne faites pas de bruit. Les caribous sont tout près d'ici.

Simultanément, chacun de nous attacha ses raquettes sur son dos ; Monaï, appuyant son pied droit sur la neige, l'enfonça doucement ; puis il fit de même pour le pied gauche. M. Howard mettait ses pieds dans les mêmes trous, et j'imitai scrupuleusement mes deux compagnons de chasse.

Celui qui se serait trouvé devant nous, et nous aurait vus de face, nous aurait pris pour un seul homme, tant nos mouvements étaient semblables.

Certainement notre situation n'était rien moins qu'agréable, car nous enfoncions dans la neige jusqu'à la ceinture ; mais l'ardeur du sport nous empêchait de faire attention à ces détails. Monaï, qui ouvrait la marche, et dont les yeux d'aigle plongeaient dans l'épaisseur des voûtes sombres de la forêt, se précipita tout d'un coup à plat ventre ; et il resta si longtemps dans cette position, que nous avions aussi prise à son

exemple, que je me crus autorisé à lever quelque peu
la tête, afin de voir ce qui se passait.

L'Indien, qui paraissait tout observer, me jeta un
regard menaçant, et M. Howard m'octroya un coup de
pied qui me prévint désagréablement que j'étais en faute.

La forêt, sur la lisière de laquelle nous étions arrivés,
était bordée par une étendue de terrain dénudée de
toute végétation, et Monaï, qui avait aperçu un caribou,
faisait en sorte d'atteindre, sans être vu, le tronc d'un
cèdre rameux qui devait l'abriter, et derrière lequel il
lui serait possible d'ajuster l'animal. A le voir se traîner
sur le ventre, on l'aurait pris pour un escargot ; et
nous cherchâmes à imiter chacune de ses contorsions
de la manière la plus *sympathique*.

Enfin, à mon tour, j'aperçus les caribous. Il y avait
là, devant nous, une harde de vingt animaux, les uns
arrachant à belles dents l'écorce des arbres, et les autres faisant leur toilette du matin en lissant leur poil
avec leur langue et en se peignant avec leurs andouillers.
Tous, à l'exception toutefois de la plus grosse bête
de la harde, ne paraissaient point se douter de l'approche de leurs ennemis. Ce caribou mâle avait l'air
inquiet ; il tenait sa tête élevée, jetait de tous côtés un
regard soupçonneux, agitait ses oreilles, ouvrait ses
narines, et humait l'air avec force Monaï ne le perdait
point de vue ; il avançait seulement lorsque le caribou
détournait la tête, et nous imitions en tout point chacun
de ses mouvements. Tout chasseur qui lira ce récit
fidèle comprendra combien mon cœur palpitait d'émotion pendant ces quelques minutes qui me paraissaient
aussi longues que des années.

Enfin, nous parvînmes tous trois derrière l'arbre. M. Howard, remuant à peine les lèvres, me fit comprendre que je devais ajuster un caribou qui était le plus avancé de la harde de mon côté; lui allait tirer le gros animal qui était devant nous, à une distance de quatre-vingt-dix pas : quant à Monaï, il réservait son coup de carabine pour venir à notre aide.

Nous fîmes feu simultanément, et, sans y songer, je m'étais levé pour voir l'effet de mon adresse ; mais Monaï, me saisissant d'une main de fer, me jeta brusquement sur la neige. Lorsque je relevai la tête, j'aperçus devant moi l'animal sur lequel M. Howard avait déchargé son arme, piétinant la neige, et cherchant à découvrir, la rage dans le regard, où se tenaient cachés ses ennemis. Tout en regardant son bois immense, et en admirant la grosseur et la force du caribou, je vins à songer au danger que nous courions.

En même temps, Monaï, appuyant sa carabine sur une des branches de notre arbre protecteur, ajustait le caribou avec lenteur, et lâchait la détente : hélas ! la capsule seule avait éclaté, et le caribou, à qui ce dernier indice avait découvert la place de notre embuscade, s'élançait vers nous, bramant avec une énergie effrayante. Nous défendre contre cet animal dangereux, ou essayer de l'éviter en fuyant, était chose impossible pour nous, qui étions ensevelis jusqu'à mi-ventre dans la neige. Je m'attendais à voir les andouillers du caribou me chatouiller les côtes, lorsque le brave chien de M. Howard s'élança et saisit la bête par les lèvres. Pendant ce temps, Monaï et M. Howard faisaient tous leurs efforts pour rajuster leurs raquettes à leurs pieds ; quant à moi, moins habile qu'eux, j'avais les mains comme paralysées par l'émotion du danger et la nouveauté de cette chasse. Heureusement pour nous, Jack n'avait pas lâché l'animal, qu'il embarrassait plutôt qu'il ne retenait ; aussi en secouant sa tête monstrueuse, le caribou martelait le chien sur la neige et contre les branches d'arbre. On aurait dit qu'il cherchait à briser les os de Jack ; mais celui-ci, malgré la douleur, ne lâchait point prise.

Tandis que cette escarmouche avait lieu entre les deux bêtes, qui par leur taille, me rappelaient la fable du lion et du moucheron, Monaï chercha à couper le jarret du caribou. L'indien avait été aperçu par l'animal, qui, se tournant avec la rapidité d'un éclair, s'élança sur lui, et l'aurait tué sur la place, si son bois n'avait pas frappé dans le vide. Monaï s'était jeté à plat ventre, et les pieds du caribou l'avaient seulement blessé à l'épaule. Pendant ce temps-là, M. Howard avait rechargé sa carabine ; mais la poudre était humide, et ne voulut point prendre feu.

Grâce à ses efforts multipliés, le caribou avait fait lâcher prise à Jack, et il s'élança contre Monaï. Celui-ci, pendant que le chien enfonçait de nouveau ses crocs dans le cou de l'animal, soutint le choc, et, saisissant le caribou par son bois, parvint à le jeter sur la neige. Au même instant, M. Howard s'élança, le couteau à la main, et le plongea jusqu'à la garde dans la poitrine de la bête colossale.

Dans un effort suprême, le noble animal lança Monaï par dessus sa tête, puis, retombant sur le sol, il rendit le dernier soupir en bramant à fendre l'âme.

Je l'ai déjà avoué, une terreur invincible avait enchaîné mes mains et mes pieds depuis le commencement de la lutte : je n'avais pas même eu le sang-froid nécessaire pour attacher mes raquettes et charger de nouveau ma carabine ; toutefois je ne consens à être tourné en ridicule que par ceux de mes frères en saint Hubert qui se seraient trouvés une fois dans leur vie à moitié ensevelis dans la neige, et ayant devant eux un caribou en furie, et dont les endouillers les auraient menacés d'une mort certaine.

Enfin, ils nous fut possible d'approcher le roi de la forêt, qui gisait à nos pieds. La balle de M. Howard l'avait atteint à l'épaule, et il n'aurait pu en aucun cas échapper à la mort.

— Eh ! eh ! s'écria M. Howard, en interpellant Monaï, qui était encore étendu sur le dos, est-tu blessé, Peau-Rouge ?

— Le caribou est fort, répondit l'Indien, mais l'homme est plus fort que lui : Ami, applique sur la plaie un peu de cette résine de pin, et je serai guéri.

Obéissant à cette injonction, M. Howard étendit sur un mouchoir plié en quatre ce remède d'un nouveau genre, et ayant étanché le sang qui coulait, il fit adhérer l'emplâtre à la peau.

— Qu'est devenu votre caribou ? me dit-il, tout en pansant l'Indien ; l'avez-vous touché ?

— Oui, certes ! je gage ma carabine contre la plus mauvaise rouillarde que l'animal est bien malade.

— Voyez ! Jack a flairé la voie, et le voilà parti. Hâtez-vous, chaussez vos raquettes, et partez : le sang vous guidera comme pourrai le faire le sillon d'un traîneau. Si vous arrivez à portée de l'animal, ne tirez qu'à coup sûr. Quant à moi, je vous suivrai bientôt, mai j'ai à voir si Monaï n'est pas trop dangereusement blessé. Il me faut aussi sécher ma carabine ; mais soyez tranquille, je ne tarderai pas trop longtemps. Partez ! partez !

Je m'élançai avec ardeur, en suivant les indices sanglants sur lesquels le chien avait pris la piste. Plus j'avançais, plus je voyais que le caribou avait ralenti sa course et qu'il était tombé maintes fois sur le sol. Mon amour-propre était intéressé à mettre à bas mon caribou avant que M. Howard et Monaï ne m'eussent rejoint ; je volais sur la neige, lorsque tout à coup j'arrivai au bord d'un torrent d'eau vive sur qui la gelée n'avait point eu de prise. Là, je perdis toute trace du caribou ; mais les pattes de Jack m'indiquaient le chemin à suivre, et bientôt j'entendis distinctement les aboiements répétés de ce brave chien.

Plus j'avançais, plus le courant devenait rapide, et ses ondes, serrées entre deux roches élevées, disparaissaient tout à coup dans un abîme qui formait une cascade de cent pieds de haut. Au delà du bouillonnement de cette cataracte pittoresque, le ruisseau était congelé : le long des bords, l'eau en rejaillissant, s'était transformée en couches de glace, et. à l'extrémité des branches de pin qui croissaient sur les rochers, clapotaient, comme les chandelles de bois de l'enseigne d'un épicier, des stalactites glacées dont l'aspect était vraiment fantastique. Au-dessous de la cascade, l'eau jaillissait en gerbe écumante et formait un brouillard épais qui se métamorphosait aussitôt en gouttelettes en retombant sur la surface liquide. Les rayons du soleil perçant l'obscurité, donnaient à chaque détail de cette merveille de la nature une teinte dorée et scintillante. Bien plus, la glace qui entourait la cascade était si transparente, que l'œil pouvait apercevoir le sable doré du fond de l'eau et distinguer la rapidité du courant.

A dix pieds en amont du demi-cercle formé par la cascade, sur un rocher isolé qui s'élevait au milieu des eaux, le caribou que j'avais blessé avait cherché un refuge.. Tout autour de lui, le courant était si rapide, que si le pied lui avait glissé, il eût été entraîné et serait tombé par-dessus la cascade. Jack, mon fidèle chien, n'avait pas cru prudent d'aller attaquer l'animal blessé dans son retranchement dangereux ; cependant, mon arrivée et l'excitation dans laquelle il se trouvait l'auraient peut-être engagé à braver le danger: je le mis en laisse, et l'attachai au pied d'un arbre.

Le caribou avait véritablement choisi un refuge inabordable, où aucun être vivant n'aurait pu l'attaquer : de chaque côté de l'endroit où il se trouvait s'élevaient des palissades perpendiculaires entre lesquelles le ruisseau se frayait un passage, et, devant lui, le précipice béant semblait attendre une victime.

Lorsque j'eus assez admiré ce spectacle romantique, bien fait pour émouvoir un Européen, je m'approchai aussi près que le terrain anfractueux me le permettait. Aussitôt que le caribou m'aperçut, il leva la tête, ornée d'un bois admirable, la secoua avec rage, et

)arut me défier au combat. Ainsi placé, il présen-
ait à ma vue sa poitrine, aussi large que celle d'un
)œuf. Je le dis sans fausse honte, je me sentais très à
'aise en me voyant ainsi séparé de mon redoutable
ennemi par des obstacles infranchissables; car je n'hésite pas à croire que, s'il avait été en son pouvoir
le franchir la distance qui nous séparait, il se fût précipité sur moi avec une rage désespérée. En outre,
comme mes lecteurs l'ont vu dans le cours de mon récit, je n'étais pas assez habile patineur pour éviter sa
poursuite à l'aide des raquettes maudites, qui arrêtaient plus qu'elles n'accéléraient ma marche.

Il s'agissait donc de mettre un terme prompt aux
velléités d'attaque du caribou et à la crainte qu'il m'inspirait : j'armai ma carabine, et, après avoir visé avec
précision, je lâchai la détente. Ma balle l'atteignit entre
les deux yeux : le caribou était mort. Dans un dernier effort, il bondit en avant, et, tombant dans le
vide, il disparut dans le courant, qui l'entraîna par-
dessus la cascade.

Un moment après, je voyais le corps énorme de
mon caribou revenir au-dessus de l'eau et tourbillonner au milieu des glaçons qui environnaient les rebords
de l'abîme.

— Bien touché! s'écria M. Howard, qui était arrivé
à temps pour voir le résultat de mon coup de carabine;
dépêchons-nous de descendre et d'aller « arrimer »
notre gibier.

Après avoir fait un assez long circuit, nous arrivâmes dans la vallée, au pied de la cascade; mais, à
notre grand étonnement, l'animal avait disparu.

— En avant! en avant! exclama encore mon hôte :
voyez! le chien nous sert de guide ; il s'est mis en
quête le long du ruisseau.

Cinq minutes après, nous apercevions le caribou
doucement entraîné par le courant, et Jack, qui s'était
jeté à la nage, faisant des efforts inouïs pour amener
à terre sa proie, qu'il tenait mordue par une oreille.
M. Howard, sans perdre un moment, courut en aval,
et, au moyen de sa hache, il abattit le tronc d'un arbre
qui s'élevait le long du bord, de manière à le faire
tomber en travers du ruisseau Ce fut au moyen de
cet obstacle que nous nous emparâmes de mon caribou.

— Il se fait tard, mon ami, me dit M. Howard ; et,
comme il nous est impossible d'emporter notre gibier
ce soir, il s'agit de faire en sorte que les loups ne le
mangent pas. A l'œuvre! enlevons-lui les entrailles,
et pendons-le à cette haute branche, hors de portée
des animaux carnassiers. .

Ce qui fut dit fut fait ; et, laissant le caribou à l'abri
de toute atteinte, nous reprîmes le chemin de la *log
cabin*, éclairés par une magnifique lune et par la lueur
des étoiles, brillantes comme des diamants.

Monaï nous avait devancés : à l'aide d'un traîneau
façonné pareillement à celui de la veille, il avait traîné
le caribou tué par M Howard, et le crâne de l'animal,
orné de son bois, parait le haut de la porte de notre
hutte, trophée glorieux d'une chasse magnifique.

<h1 style="text-align:center">XII</h1>

Le Chien de prairie.

Si jamais république inoffensive exista dans le
onde, certes c'est celle des marmottes américaines,
prairie dogs. — Là, chaque individu vit à sa guise,
nplement, sans songer à mal, sans penser à frus-
er son voisin, à le déposséder, à le tromper, à vivre
ses dépens.

Là, point de gouvernement, partant peu de com-
ots. Il n'y a pas même de président, pas de consuls,
préfets, voire même de commissaires de police ou de
rgents de ville. A quoi bon? si la marmotte de la prai-
e, petit quadrupède de la famille des rongeurs, est
ve, étourdie, quelquefois même pétulante, par contre,
est un animal social et sociable, qui ne trouble jamais
ordre public. C'est, en un mot, le modèle des êtres
éés.

J'avais souvent souhaité, pendant mon séjour aux
tats-Unis, visiter un de ces terriers gigantesques,
cumoire animée, grouillante et bourdonnante. L'oca-
asion ne se présenta qu'un soir après une de nos

chasses lointaines avec les Peaux-Rouges. L'un d
compagnons de Rahm-o-j-or (1), qui s'était quelq
peu écarté de notre troupe, rencontra, dans une p
tite vallée, sur le versant d'un côteau exposé au s
leil, un « village de chiens de prairie », et le soir
la veillée il nous fit part de sa découverte.

De bonne heure, le lendemain, tous mes amis
moi, nous montâmes à cheval dans le but d'aller v
siter ce curieux phalanstère. Tout ce que j'avais e
tendu raconter sur ces quadrupèdes, me faisait appr
cher de leur vaste terrier avec un intérêt doublé p;
la curiosité du chasseur.

Avant d'arriver sur le faîte de la colline au ve;
sant de laquelle demeuraient les marmottes, nous des
cendîmes de cheval, et, laissant nos montures attachée
à une rangée d'arbres, nous nous avançâmes ave
précaution du côté du village.

Je ne sais si l'instinct des chiens de prairie avai;
été alarmé par le bruit de nos pas, mais à notre ap
proche, les sentinelles donnèrent l'alarme et décam
pèrent vers les premiers orifices pour y chercher u
abri avec les autres camarades. Ceux-ci, qui se te
naient prudemment assis sur leur train de derrière ;
l'entrée de leurs terriers, jetèrent aux échos un jappement particulier, et, après s'être livrés à un entre-
chat fantastique, disparurent chacun dans leur antre
respectif.

Le village des chiens de prairie qui s'offrait à nos

____

(1) Chef d'une tribu de Pawnees au milieu de laquelle
je me trouvais en 1847.

ux couvrait un espace d'une vingtaine d'acres de
ain. Partout le sol était percillé, miné et couvert
cônes durcis qui attestaient le travail souterrain du
arre animal. Nous sondâmes plusieurs de ces trous
c la baguette de nos fusils; mais leur profondeur
s empêcha d'accrocher avec nos tire-bourres,
me un seul individu de la tribu républicaine.
Nous n'avions donc qu'un parti à prendre pour voir
marmottes à notre aise, celui de nous cacher et
ttendre que la peur eût été remplacée par la con-
ice. La nature favorisait tout à fait nos projets :
avait fait croître aux limites du village, dans le
ux de la vallée, une rangée de cèdres-nains, dont
branches touffues devaient nous abriter à tous les
ix et nous permettre de voir sans être aperçus.
Nous nous retirâmes donc à petit bruit, et chacun
nt choisi sa place, nous demeurâmes ainsi immo-
es, observant le plus profond silence, les yeux fixés
le village, dont les portes et les fenêtres, quoique
ndes ouvertes, ne paraissaient point être fré-
entées.
Peu à peu, nous aperçûmes quelques vieux rou-
rs, qui se hasardaient et passaient doucement le
ut de leur nez à l'entrée d'un trou, puis disparais-
ient à l'instant; d'autres faisaient un bond rapide en
hors, mais ils se précipitaient d'un orifice à l'autre.
Enfin, quelques marmottes, rassurées par la tran-
illité atmosphérique, persuadées que le danger était
ssé, se glissèrent hors de leurs tanières; elle tra-
rsaient à la hâte un espace assez éloigné du trou
ù elles étaient sorties, pour entrer dans une fissure

située à une grande distance. On aurait dit qu'ell
allaient chez un ami ou un parent lui raconter la fraye
qu'elles avaient éprouvée, parler avec lui des caus
de cette panique, en un mot, échanger des impressio
et comparer leurs observations mutuelles sur la visi
qui venait de passer devant leurs yeux.

D'autres marmottes, plus audacieuses, se réuni
saient en petits groupes dans les rues, et dans c
rassemblements on s'occupait sans nul doute de l'oi
trage commis par l'envahissement de la ville-répi
blique ; on pérorait, on discutait les moyens de défens
Tantôt un orateur s'élançait sur le sommet d'une mot
de terre qui dominait l'assemblée, et du haut de cett
tribune il expliquait ses vues, ses projets, ses prin
cipes de stratégie. Tantôt, saisi d'une crainte insolit
tout le rassemblement se précipitait dans les orifice
béants, et disparaissait pour aller plus loin, sortir e
nombre et recommencer les mêmes jeux. Rien n'étai
plus curieux à observer que la forfanterie de ces mar
mottes, qui semblaient vouloir défier le tonnerre, e
qui fuyaient au moindre souffle de la brise, à la plu
imperceptible commotion de l'air

Lorsque nous eûmes considéré à loisir les chiens de
prairie, je proposai à mes camarades de mettre un
terme à cet affût inutilement prolongé. Il fut convenu
entre nous que chacun allait viser une marmotte dans
une direction opposée, et que lorsque j'aurais fait claquer ma langue contre mon palais, chacun tirerait à la
fois.

Ce qui fut dit fut fait : une décharge simultanée eut
lieu, et quand la fumée se fut entièrement dissipée, il

e restait plus un seul chien de prairie devant nous, si
e n'est six morts, qui gigotaient à l'orifice de leurs
erriers.

On assure que les chiens de prairie ne sont pas les
euls habitants de ces couloirs souterrains, et qu'ils
nt pour commensaux, pour hôtes des serpents à son-
ettes et des hibous. Ces « coucous » parasites de la
ent quadrupède vivent aux dépens des marmottes, qui
eur servent à la fois de nourriture et de maçons. Ce
ont les fermiers généraux de la république, qui vivent
ux dépens des faibles et s'imposent bon gré mal gré à
ous ceux qui les craignent.

Nous voulûmes nous assurer du fait, mais toutes
os recherches furent inutiles ; nous ne vîmes pas la
ueue d'un hibou, nous n'entendîmes pas la crécelle
'aucun serpent à sonnettes. Cette république de la
rairie des Pawnees était plus heureuse que les autres,
lle avait réussi à mettre hors de chez elle les trai-
ants incommodes qui ruinent ses pareilles.

On m'a assuré que les hiboux, qui d'ordinaire se
iennent dans les terriers des marmottes américaines,
ppartiennent à une race toute particulière ; ils ont les
eux plus brillants, plus lucides, le vol plus rapide et
es pattes plus élevées que celles des hiboux communs.
e grand jour ne les effraye pas comme leurs congénères.
es naturalistes américains prétendent que, la plupart
u temps, les hiboux ne s'insinuent dans les terriers
reusés par les chiens de prairie que lorsque ceux-ci
es ont abandonnés à cause de la mort d'un des leurs.

Il paraîtrait que la marmotte américaine pousse la
ensibilité si loin, qu'aussitôt que l'un de ces quadru-

pèdes est mort, toute la communauté abandonne la place. D'autres m'ont assuré que le hibou était un protecteur, une sentinelle, un précepteur même pour les jeunes marmottes, à qui il apprenait à crier... même avant qu'on ne les écorchât.

A l'égard du dangereux serpent à sonnettes, son rôle est plus tranché, plus habilement dessiné que celui de l'oiseau de proie. Dans l'économie domestique de ces intéressants phalanstères, c'est un vrai sycophante qui envahit audacieusement l'asile de l'honnête et crédule marmotte. Maintes fois, à ses heures de loisir, il croque un des petits de ses hôtes, et l'on peut facilement inférer qu'il se permet en secret des dédommagements en dehors de ceux accordés aux parasites souffre-douleurs.

Quelques semaines plus tard, en retournant à Saint-Louis, nous rencontrâmes un soir, près du camp, un terrier immense de chiens de prairies, creusé dans un vallon formé par deux collines de rochers calcaires, non loin d'une source qui coulait au milieu des rochers, et alimentait un ruisseau argenté, par lequel le vallon était baigné dans toute sa longueur. Le bruit de nos chevaux avait effrayé tous les animaux qui hantaient le village souterrain ; seuls, deux énormes hiboux, perchés sur une motte de terre, avaient voulu savoir quel était l'ennemi qui faisait invasion sur leur territoire. Fiers et hardis comme des coqs de combat, ils semblaient défier le danger : leurs paupières, larges ouvertes, découvraient deux yeux qui brillaient comme du phosphore. Leur crâne étaient surmonté de deux longues plumes pareilles à des cornes, ce qui donait à ces oiseaux un aspect tout à fait fantastique. On les aurait pris volontiers pour les gardiens d'une nécropole dévastée. Les deux hiboux attendirent notre venue jusqu'à portée de fusil ; puis tout à coup, sans qu'il nous fût possible d'expliquer comment cela s'était fait, ils disparurent dans les entrailles de la terre, ainsi que le fait Bertram au cinquième acte de *Robert-le-Diable*. Un de mes camarades de chasse assurait même qu'il avait aperçu une flamme jaillir à la place où chaque hibou s'était enfoncé mystérieusement : mais ceci n'est pas de l'histoire :

Le pays où nous avions établi notre campement du soir était pittoresquement découpé par des bouquets de bois, formés d'arbres de toute espèce, de pins, de chênes, de bouleaux, de cèdres, de cerisiers sauvages, au milieu desquels dominaient l'églantier d'Amérique et l'aubépine. Des groupes de noisetiers et de sumac complétaient cette riche variété. Nous n'avions donc éprouvé aucune difficulté d'allumer notre feu du soir. L'atmosphère était fraîche, et mes amis s'étaient étendus, suivant l'usage, sur des lits de feuilles mortes, la tête et le corps bien enveloppés dans une couverture de laine, les pieds tournés contre le foyer. J'avais été absent toute la soirée, dans le but de tuer un cerf à l'affût : lorsque je rentrai, je songeai à mon tour à trouver la litière qui devait me servir de couche.

Au pied d'un vieux chêne, dans le creux d'un rocher, le vent avait amassé une grande quantité de feuilles, et rien ne me fut plus facile que d'étendre ma couverture et d'y entasser tous ces débris. Je revins au feu, autour duquel ma place était réservée, et, sans plus de façon, je préparai mon lit. Tout à coup un bruit insolite se fait entendre au milieu des feuilles entassées; j'examine ma litière et je recule d'épouvante en voyant que j'avais apporté un horrible serpent à sonnettes, qui, le corps enroulé et la tête droite, dardait devant moi sa langue fourchue. M'emparer d'un long morceau de bois, dont la pointe brûlait au foyer, et assommer le crotale, tout cela fut l'affaire d'un instant.

J'allais examiner la litière afin de m'assurer si le reptile était seul. Quels ne furent pas mon horreur et mon dégoût! une demi douzaine de jeunes serpents, pelotonnés ensemble, se trouvant atteints par mon bâton, sortirent du tas de feuilles en bondissant et prirent la fuite dans toutes les directions. Mes camarades, réveillés par mes cris, s'étaient levés instantanément et m'aidèrent à les poursuivre; mais les jeunes crotales avaient mis tant de diligence et d'agilité à disparaître, que nous ne pûmes en détruire que deux.

Cet incident nous tint naturellement éveillés une partie de la nuit : les crécelles des serpents à sonnettes nous tintaient aux oreilles, et notre répulsion à tous pour ces redoutables reptiles était telle, que quoique, suivant toute apparence, notre présence les eût fait fuir, nous nous sentions aussi mal à l'aise que si nous en étions encore entourés. La fatigue et le sommeil finirent par avoir raison de notre imagination. Nous nous endormîmes et ne nous réveillâmes qu'au grand jour.

Devant nous s'élevait, sur le versant de la colline, le phalanstère des chiens de prairie, et, comme nos

hevaux étaient couchés, comme notre feu était éteint
t qu'aucun mouvement humain ne troublait la tran-
juillité de la nature, nos yeux furent frappésd'un spec-
acle tout à fait fantastique.

Il y avait là, devant nous, plus de mille marmottes
un de mes amis en compta jusqu'à huit cent cinquante-
rois), une centaine de hibous et autant de serpents
i sonnettes, qui prenaient leurs ébats, sautant d'un
errier à l'autre, voltigeant et planant, rampant et sif-
lant. Notre sang se figeait dans nos veines, et cepen-
lant nous étions enchaînés sur place.

Enfin, il fallait s'arracher à ce dangereux voisinage.
ious nous levâmes, et tout disparut à l'exception des
erpents qui, de temps à autre, soulevaient leurs têtes
u-dessus des orifices et se glissaient au dehors. Une
ieure après le lever du soleil, nous avions atteint les
ords du Mississipi, nous n'avions plus de danger à
edouter et nous nous sentions sous l'égide de la
ivilisation américaine.

XII

Les Pigeons.

Je me trouvais, en 1847, pendant l'automne, un matin, avant le jour, sur les hauteurs qui dominent la ville de Hartfordt, dans le Kentucky, chassant devant moi les « robbins » (les merles et les *rice birds*) lorsque tout d'un coup, à la sortie d'un bois, je m'aperçus que l'horizon s'obscurcissait; et, après avoir attentivement examiné quelle cause pouvait amener ce changement dans l'atmosphère, je découvris que ce que je prenais pour des nuages était tout simplement plusieurs bandes énormes de pigeons. Ces oiseaux volaient hors de portée, je n'avais donc aucune chance de faire une trouée dans les rangs, aussi je conçus l'idée de compter combien de bandes passeraient au-dessus de ma tête dans l'espace d'une heure. Je m'assis donc tranquillement et, tirant de ma poche un crayon et du papier, je commençai à prendre mes notes. Peu à peu les bandes se succédaient avec tant de rapidité, que je n'avais plus, pour pouvoir les compter, d'autre moyen que de tracer des jambages multipliés. Dans l'espace de trente-cinq minutes, deux cent vingt bandes de pigeons (1) avaient passé devant

(1) Le pigeon de passage de l'Amérique du Nord appartient à une espèce particulière que l'on rencontre dans tous les États du nord des États-Unis, aussi bien que dans le haut et le bas Canada. Un grand nombre de ces oiseaux passent l'hiver jusqu'au soixantième degré de latitude et vivent de baies de genévriers, d'épiniers et de vers. La beauté du plumage de ces oiseaux est vraiment remarquable : c'est un mélange miroitant d'azur, d'or, de pourpre et de vert, qui n'a vraiment pas d'égal dans la création. La tête du mâle est d'un bleu cendré, la poitrine d'une couleur noisette teintée de rouge, le cou diapré de vert, d'or et d'écarlate, les ailes bleues, parsemées de taches noires et bistres, le ventre blanc comme la neige. La queue, fort longue et cunéiforme, est traversée par une bande d'un noir brillant, et les pattes sont rouges comme celles de la perdrix bartavelle. La femelle du pigeon américain n'a point de couleurs éclatantes, ses plumes sont d'un gris cendré mêlé de noir et de marron foncé. Les seules grâces qu'elle tienne de la nature sont celles de ses formes qui sont sveltes et effilées, et la limpidité de ses yeux couleur de feu.

Les migrations de ces pigeons voyageurs ont été attribuées par différents naturalistes au besoin impérieux de fuir la rigueur du froid des climats brumeux du nord et de chercher une température plus douce. Telle n'en est pourtant point la cause, qui n'est amenée que par l'abondance ou la disette des fruits dont ces palombes se nourrissent exclusivement. Ce n'est qu'après avoir épuisé toutes les ressources du territoire sur lequel ils s'abattent, que les pigeons reprennent leur vol et changent de canton. Plusieurs habitants du Kentucky et de l'Illinois m'ont assuré qu'après avoir séjourné pendant trois ou quatre ans dans les bois de ces deux États, les pigeons voyageurs avaient disparu un matin, parce qu'ils ne trouvaient plus de glands pour se nourrir. Ce ne fut qu'en 1845 qu'ils revinrent en

mes yeux. Bientôt les vols se touchèrent et se resser-
rèrent d'une manière si compacte, qu'ils me cachaient
la vue du soleil. La fiente de ces oiseaux couvrait le
sol et tombait serrée comme de la neige en hiver.

grand nombre, les parasites! la récolte avait été magnifique, et ils voulaient en prendre leur portion.

Quoique appartenant à la même espèce que celle em-
ployée en Europe pour porter des nouvelles de bourse
avant l'invention du télégraphe électrique, les pigeons
américains ont une puissance de vol qui tient du prodige.
Ainsi, j'ai tué dans l'État de New-York des individus de
cette espèce dont le gésier était encore plein de graines de
riz dont ils n'avaient pu se nourrir que dans la Géorgie ou
la Caroline; et, comme il est prouvé que les aliments les plus
difficiles à digérer ne peuvent pas résister plus de douze
heures à l'activité du suc gastrique, j'ai dû conclure que
mes pigeons avaient parcouru en six heures au plus un
espace de trois à quatre cent milles, environ vingt-cinq
lieues de poste en un heure. A ce compte-là, il ne leur
faudrait pas plus de deux jours pour traverser l'Océan, de
New-York à Brest.

Les pigeons américains, outre la faculté qu'ils ont de
voler avec une puissance qui n'est donnée à aucun autre
oiseau, possèdent aussi à un degré très-remarquable le don
de la vue. Ils n'ont pas besoin de s'arrêter pour explorer le
pays par où ils passent et savoir s'ils y trouveront les
graines et les fruits dont ils se nourrissent. Tantôt on les
voit s'élever très-haut et étendre leurs bataillons dans toutes
les directions : c'est qu'alors ils cherchent à reconnaître le
terrain; tantôt ils se resserrent, s'abattent vers la terre
et semblent se consulter entre eux : c'est parce qu'ils ont
fait une heureuse découverte et que la pâture doit être
abondante.

Tout, dans la structure des pigeons, leurs ailes nerveuses,
leur queue bifurquée, l'ovale de leur corps, décèle chez
ces oiseaux une organisation propre à soutenir un vol rapide et de longue haleine; et malgré cette nature peu propre à rendre la chair tendre, ce gibier, en Amérique, est
fort recherché, et on le considère comme un manger exquis.

En rentrant, à midi, à l'auberge de Hartfordt, pour
l'heure du dîner, j'eus tout le loisir d'examiner la continuation de ce passage miraculeux. Les pigeons ne
s'arrêtaient point dans les plaines environnantes, car
dans tout le canton la récolte des noix et des glands
avait manqué cette année-là. Il n'y avait donc pas
moyen de brûler sa poudre au milieu de ces bandes qui
se tenaient hors de portée de la meilleure carabine.
De temps en temps, lorsqu'un émérillon ou un aigle
gris fondait sur leur arrière-garde, une masse compacte se formait, qui, pareille à un serpent, se tordait
en mille replis, pour éviter les atteintes de l'oiseau de
proie; puis, une fois le danger échappé, ou bien
lorsque l'ennemi avait saisi dans ses serres ses victimes palpitantes, la colonne reprenait sa marche dans
la limpidité de l'azur.

Pendant les trois jours que je restai à Hartfordt, la
population du pays ne quitta point les armes. Tous,
hommes et enfants, avaient un fusil double ou une
carabine dans les mains et, embusqués le long d'un
bois, derrière un rocher, aux abords des rivières,
partout où il y avait pour eux chance de ne pas être
vus, ils attendaient le moment favorable pour décharger au milieu d'un vol et tuer ainsi une prodigieuse
quantité de pigeons. Le soir, à la veillée, la conversation ne roulait que sur la chasse aux pigeons, sur
les péripéties de chaque coup tiré ou manqué et sur les
espérances du lendemain.

On ne mangea, pendant ces trois jours, que de la
chair de pigeon, et l'air était tellement imprégné de
l'odeur de ces oiseaux, que, tout autour de nous,

atmosphère exalait les senteurs de la basse-cour.

Un arithméticien du pays avait fait un calcul appro-
ximatif assez curieux sur le nombre d'individus dont
ces bandes extraordinaires étaient composées, et sur
la quantité énorme d'aliments nécessaires à leur sub-
sistance. Prenant, par exemple, une colonne large
d'un demi-kilomètre, ce qui est loin encore de la mesure ordinaire, et supposant qu'il fallût trois heures
aux oiseaux qui la composaient pour effectuer leur
passage, comme sa vitesse était d'un demi-kilomètre
par minute, sa longueur devait être de cent quatre-
vingt-dix kilomètres, composés chacun de mille huit
cent trois mètres. En supposant maintenant que
chaque mètre carré fût occupé par deux pigeons, il
déduisait que le nombre de ces oiseaux devait être
de « un billion, cent vingt milions, cent quarante
mille; » et comme chaque individu consomme par
jour, dans le pigeonnier, un quart de boisseau de
graines ou de fruits, la nourriture journalière d'une
seule bande n'exigeait pas moins de « cent millions
sept cent quatre-vingt mille » boisseaux de denrées
de toutes sortes. Qnel formidable appétit!

Aussitôt que les pigeons aperçoivent dans le territoire au-dessus duquel ils passent, ou sur les arbres,
ou à terre, une quantité de nourriture qui leur paraît
valoir la peine de s'arrêter, on les voit tournoyer plusieurs fois, jetant dans les rayons du soleil les pris-
mes azurés de leur brillant plumage et passant ainsi
du bleu clair au pourpre foncé et à l'or le plus scintil-
lant. Les voyez-vous disparaître derrière ce bois de
chênes élevés et s'enfoncer au milieu du feuillage?

Tout d'un coup ils reparaissent plus hardis et d'u
seul élan, ils se précipitent à terre et couvrent l
sol. Une terreur panique s'empare t'elle d'eux, ils re
prennent leur vol avec une telle rapidité, que le crépite
ment de leurs ailes produit une commotion capabl
d'épouvanter, si on ne savait pas quelle en est la cause
Mais ce n'était rien, et une fois leur appréhension dissipée, les voilà de nouveau répandus sur le sol, venant
montant, se croisant dans tous les sens, déployant,
en un mot, une série de mouvements impossible à
décrire au moyen de la parole. Le terrain sur leque
ils se sont posés est tellement dépouillé, qu'y cherchei
une seule graine serait peine perdue.

C'est le moment que choisissent les chasseurs du
Kentucky pour tirer sur les pigeons et faire dans leurs
rangs des trouées indescriptibles. Au milieu du jour,
les oiseaux, bien repus et le gésier plein de faines,
de glands et autres végétaux, vont se reposer et digérer leur butin sur les arbres voisins ; mais, dès que
le soleil tombe à l'horizon, au moment où ses rayons
disparaissent derrière les montagnes, tous prennent
leur vol et vont rejoindre le *juchoir* commun, qui
quelquefois s'élève à plus de quarante lieues de l'endroit où ils avaient passé la journée.

C'est le long de la rivière Verte (*Green river*), dans
le Kentucky, que j'ai vu le plus magnifique perchoir,
lors de mon séjour aux Etats-Unis. Il était situé le
long de la lisière d'une forêt, dont les arbres s'élevaient à plus de deux cents mètres ; troncs droits, isolés, sortant du sol tout d'une venue. Une compagnie
de soixante chasseurs était venue s'installer dans les

virons, escortée par des voitures chargées de pro-
sions de bouche et de guerre. On avait dressé des
ntes et deux cuisiniers nègres préparaient la nour-
iure (*mess*) des disciples de saint Hubert. Parmi eux
trouvaient deux fermiers de Glasgow qui avaient
ncné un troupeau de trois cents cochons pour les
igraisser avec des pigeons et les rendre ainsi en peu
temps propres à la vente. Lorsque j'arrivai dans le
imp de la rivière Verte, je fus étonné, stupéfait de
quantité de pigeons tués qui jonchaient le sol.
uinze femmes étaient occupées à plumer ces oiseaux,
les vider, à les saler et à les encaquer dans des ba-
ls. Ce qui me surprit le plus, ce fut d'apprendre par
s chasseurs, que, quoique le perchoir fût dégarni
endant le jour, chaque soir il se couvrait de myriades
e pigeons qui revenaient de l'Etat de l'Indiana, où ils
vaient passé la journée dans les environs du village
e Coridon, en faisant ainsi un vol de cent lieues.
inutile de dire que le lendemain matin ils reprenaient
a même route dès le crépuscule. Le sol, dans toute
étendue du juchoir, se trouvait couvert de colombine
iente de pigeon) à une épaisseur d'un ou deux pouces
examiner ce terrain recouvert d'une teinte grisâtre
es arbres dénudés, aux branches pelées et sans
èvc, on aurait pu croire que nous étions déjà au
œur de l'hiver ou bien que quelque *tornado* avait
ordu les rameaux des arbres et brûlé la nature qui
es environnait.

Les chasseurs se disposaient à la chasse du soir et,
ans perdre de temps, ils avaient tous fait leurs pré-
aratifs. Les uns ensachaient du soufre dans des pots

à feu ; les autres s'armaient de longues perches pa
reilles à des pelles de boulanger, ceux-ci portaiei
des torches faites de résines et de branches de pin
ceux-là, enfin, les chefs de cette association de chas
seurs, avaient dans les mains des fusils à un et deu
coups, chargés d'une forte quantité de poudre et d
plomb.

Le soleil venant de se coucher, chacun avait pri
son poste en silence : aucun oiseau ne paraissait en
core à l'horizon. Tout à coup, j'entendis ces mots ré
pétés par chaque chasseur :

— *Here they come !* les voilà !

En effet, l'horizon s'obscurcissait, et le bruit fai
par les pigeons ressemblait à celui du terrible mistra
de Provence, s'engouffrant dans les gorges des Apen-
nins.

Lorsque la colonne des pigeons passa au-dessus de
ma tête, j'éprouvai un frisson, causé tout à la fois
par l'étonnement et le froid, car ce déplacement d'ai
occasionnait un courant atmosphérique fort insolite.
Pendant ce temps-là les pelles abattaient des milliers
de pigeons et, comme les feux avaient été tous allumés
comme par magie, je fus témoin d'un admirable
spectacle. Les pigeons arrivaient par millions, se
précipitant les uns sur les autres, pressés comme les
abeilles d'un essaim qui s'échappe de la ruche au
mois de mai. Les hautes cimes du juchoir surchargé
se brisaient, et tombant à terre, entraînaient à la
fois les pigeons et les branches qui se trouvaient au-
dessous. C'était un bruit à ne pas être entendu de son
voisin, même en criant à plein poumons, et si l'on

stinguait à grand'peine quelques coups de fusil,
ur la plupart du temps ne voyait-on que des chas-
irs qui rechargeaient leurs armes. Nous nous tenions
is sur la lisière du bois, loin de la portée des
anches qui tombaient, et le massacre continua ainsi
ute la nuit, quoique depuis onze heures du soir le
ssage des pigeons eût tout à fait cessé.

Une particularité digne d'être ici mentionnée, c'est
ie malgré l'effroi qu'ils éprouvaient, les pigeons n'a-
iient point abandonné le perchoir habituel, et que ni
s torches brillantes, ni les coups de fusil, ni les cris
avaient le pouvoir de les faire envoler. Un homme qui
riva le matin au rendez-vous de chasse nous assura
voir entendu le bruit qui se faisait sur notre empla-
iment, à une lieue un quart avant que de nous re-
indre.

Dès le point du jour, toutes les bandes de pigeons
'élancèrent dans les airs pour aller à la recherche de
ur nourriture. Ce fut alors un autre bruit effroyable
npossible à décrire autrement qu'en le comparant à
ie décharge simultanée de coups de canon. Et à peine
e perchoir eut-il été abandonné, que les loups, les pan-
hères, les renards, les couguards et tous les animaux
apaces des forêts américaines s'avancèrent en nombre
iour prendre part à la curée. En même temps, les
aucons, les busards, les aigles fauves et gris, sans
)ublier les corbeaux et les orfraies, volaient au-dessus
de nos têtes pour emporter une portion du butin.

Les chasseurs prélevèrent leur dîme, et choisirent
dans cette masse de morts et de mourants les pigeons
les plus dodus et les plus gras, dont ils chargeaient

des charrettes, laissant le fretin du gibier aux cocho
et aux chiens de l'association.

Quant à moi, quoique j'eusse pris part au massac
général plutôt en amateur qu'en intéressé, je n'empo
tai de toute ma chasse qu'une magnifique plume d'aig
arrachée à l'aile de l'un de ces oiseaux de rapine qu
j'avais abattu sur un monceau de cadavres.

Deux mois après cette chasse mémorable dont j'
gardé bon souvenir, je me trouvais un matin sur
quai de l'*East-River*, à New-York, lorsque mes yeu
furent attirés par l'écriteau suivant peint en lettre
noires sur un lambeau de toile à voile : *Wilds pigeon
for sale*. Je montai à bord d'un petit navire caboteu
où se trouvait la cargaison ailée, et là, le capitaine m
montra des corbeilles de pigeons ramiers tués dan
l'intérieur des terres, qu'il vendait à raison de *thre
cents* (trois sous) pièce.

Un planteur de Tennessée m'a assuré qu'il avait e
un jour pris quatre cents douzaines de pigeons au filet
chasse fort usitée dans son pays. Ses nègres, au
nombre de vingt, étaient, le soir, fatigués à force d'a-
voir abattu des pigeons qui passaient sur sa propriété.

En 1848, pendant le mois d'octobre, le passage des
pigeons fut si considérable dans l'État de New-York,
que ces oiseaux étaient vendus à deux sous pièce sur
les quais et aux principaux marchés. Les maîtres de
maison en nourrissaient leurs domestiques, et ceux-ci,
s'ils avaient pu prévoir ce qui arrivait, eussent volontiers fait écrire dans leur acte d'engagement une clause
ayant pour but de n'avoir que deux fois par semaine
de ce gibier à dîner.

C'est ainsi qu'en Ecosse les serviteurs des grandes
iisons ne se placent qu'à la condition expresse de ne
s manger du saumon plus de trois fois dans l'espace
huit jours.

Un matin de ce même mois d'octobre 1848, sur les
uteurs du village de Hastings, le long de la rivière
· l'Hudson, j'eus l'occasion de tirer trente coups de
sil sur des vols de pigeons, qui me produisirent cent
ante-neuf pigeons. Il y avait dans ce nombre-là en-
ron quatre-vingts oiseaux énormes, gras et dodus
mme des petits poulets. Je fus obligé de héler un
gre qui passait sur un chemin voisin du lieu où j'é-
is entouré de mon butin empenné, et de lui donner
i demi-dollar pour qu'il rapportât mon gibier au
eamboat retournant à New-York.

Les pigeons américains nichent un peu partout dans
territoire des États de l'Union, mais en général ces
seaux choisissent les bois retirés et peu fréquentés
étendant sur la limite du pays civilisé et des vastes
serts qui aboutissent aux prairies. La saison de la
ute offre un contraste bien opposé à ces scènes de
nfusion que j'ai décrites. Si mes lecteurs pénètrent
vec moi sous la feuillée des forêts de l'Ohio et du Mis-
ssipi, ils n'entendront que des roucoulements inces-
ants, ils ne seront témoins que de preuves d'affec-
ons douces et de marques de tendresse du pigeon à
i femelle. Au-dessus de leur tête, dans la cime des
bres, ils apercevront des nids rapprochés les uns
es autres, construits avec des brindilles de bois en-
elacées, formant un espace légèrement creux, sur le-
uel, tour à tour, le mâle et la femelle couvent deux ou

trois œufs. Le mâle seul monte la garde et protége
compagne; c'est lui qui va aux provisions et qui r
vient à son tour se placer sur le nid, tout en abrita
les œufs sous ses ailes.

Bien souvent la ponte réussit et couronne les effor
de tendresse de ce couple affectueux. Mais cet heureu
résultat n'a lieu qu'à la condition que l'homme n'au
point découvert ces fragiles demeures aériennes. Ma
heur à ces oiseaux si des chasseurs ou des *settlers* pa
sent dans leur voisinage. Des massacres plus terribl
encore que ceux que j'ai décrits vont ensanglanter
sol et porter la terreur au sein de ces ménages ino
fensif. La hache entame le tronc des arbres qui s'a
faissent dans la clairière, entraînant dans leur chu
les pigeonneaux et le nid qui les a vus naître. Pri
assommés, plumés et cuits sur la braise, ils sont mar
gés sous les yeux de leurs père et mère, qui voltige
autour des bourreaux de leur progéniture et font re
tentir les échos de la forêt de cris déchirants qui n
parviennent point à toucher l'impitoyable chasseur.

Comme on le voit par tout ce qui précède, la des
truction menace en Amérique le gibier auquel j'ai con
sacré cet article. A mesure que la civilisation s'éten
sur ces vastes déserts de l'Ouest, les besoins d
l'homme deviennent plus nombreux, et la race hu
maine, qui règne partout en tyran et ne laisse impose
aucun frein à son despotisme, détruit peu à peu le
associations d'animaux. Déjà les cerfs, les daims et le
grandes bêtes à cornes qui peuplaient les ancienne
colonies de l'Angleterre ont presque disparu dans le
principaux Etats de l'Union. Les troupeaux de bisons

jui, il y a cent ans, paissaient en repos sur les loin-
aines savanes qui verdissent par-delà le Mississipi,
voient leurs rangs s'éclaircir, tandis que les carcasses
de leurs semblables tués par les trappeurs, les émigrants et les Indiens blanchissent sur le sol et mar-
quent le passage de l'homme. Tout porte donc à croire
que les pigeons, qui ne supportent point l'isolement,
forcés de fuir ou de changer de mœurs à mesure que
le territoire de l'Amérique du Nord se peuplera du
trop plein de l'Europe, finiront par disparaître de ce
continent, et, si le monde ne finit pas avant un siècle,
je parie, avec le premier chasseur venu, que l'amateur
d'ornithologie ne trouvera plus de pigeons que dans
les muséums d'histoire naturelle.

XIV

Les Cygnes, les Hérons et les Faucons.

En 1844, à l'époque des fêtes de l'Epiphanie, je me trouvais à Louisville, chez des amis qui m'avaient offert la plus cordiale hospitalité, lorsqu'un des fils de la maison, grand chasseur et amateur intrépide de sport, dans toute l'acception du mot, me proposa de l'accompagner dans une excursion qu'il avait projetée le long des bords de l'Ohio, jusqu'au point où la rivière se jette dans le Mississipi. Une fois nos préparatifs terminés, nous partîmes tous deux dans un *keel-boat*, sorte de chaloupe ayant une cabine à l'arrière, et dont le gouvernail est formé d'un tronc élancé, servant, comme la queue à un poisson, à diriger la marche de ce genre d'esquif. Deux rameurs, placés à l'avant du bateau, lui donnaient une impulsion de cinq à six milles par heure.

Les rives de l'Ohio offraient un triste coup d'œil : l'hiver avait desséché toutes les plantes, et la seule verdure qui s'offrait à nos regards était celle de quelques canniers entremêlés de lianes aux feuilles rougeâtres. La neige tombait par flocons lors de notre départ, et le froid était âpre comme en Sibérie ou dans le Kamtchatka ; mais, au point du jour, la tourmente fit place à un calme plat. Nous étions arrivés à l'embouchure de la rivière Wabash, aux environs de la petite ville de Henderson, et déjà nous pouvions voir, aussi loin que s'étendait notre vue, que la rigueur du froid avait congelé toutes les rives du fleuve, les lagunes et les *ponds* (petits lacs) du pays, car l'air était comme obscurci par des milliers d'oiseaux aquatiques qui passaient et repassaient d'une rive à l'autre, et s'ébattaient à tire-d'aile sur les eaux glacées. Notre bateau s'en allait à la dérive, au milieu de la gent emplumée, et après chaque décharge de nos fusils, de nombreuses victimes étaient suspendues aux parois extérieures de notre cabine.

C'est en chassant ainsi que nous parvînmes, le quatrième jour de notre voyage, à six milles de l'embouchure de l'Ohio. Cet affluent du Mississipi se réunit au *Père des eaux* un peu au-dessous de la Creek-River, dont les bords ombragés de caroubiers, d'érables et de cannes, entremêlés de lianes et d'orties, offraient à la vue une muraille inextricable, réceptacle de nuées de canards, de sarcelles, de foulques, de grèbes et de poules d'eau. Le froid avait chassé ces oiseaux des régions polaires, et ils accouraient là pour trouver une température plus douce.

Sur une langue de terre qui s'avançait en aval du confluent de la Creek et de l'Ohio, à l'abri d'un énorme rocher dont la base était dénudée par les eaux, une quarantaine d'Indiens appartenant à la tribu des Cherokees avaient élevé leurs tentes, dans le but d'y ramasser leurs provisions d'hiver de *hickory nuts* (1) et de chasser les ours, les cerfs et les lièvres qui, comme les Peaux-Rouges, étaient attirés en ces lieux par l'abondance de la récolte.

Mon camarade de voyage, qui parlait assez bien la langue de ces chasseurs des bois, manifesta le désir d'aborder près du *wigwam* des Cherokees, et je me rendis à son avis avec d'autant plus de plaisir, que j'éprouvais la plus grand envie de m'initier à leurs usages, aussi bien que de prendre part à leurs excursions cynégétiques. Une sympathie instinctive unit rapidement ceux qui ont les mêmes goûts, quelle que soit la nation à laquelle ils appartiennent. Tous ces Indiens, qui aimaient comme mon ami et moi la chasse, la pêche et les aventures, nous entourèrent bientôt, et le soir de notre installation au milieu d'eux, nous étions les meilleurs amis du monde.

Le lendemain, à la pointe du jour, j'entendis un grand mouvement autour de notre bateau, et ayant entr'ouvert la porte de notre cabine, j'aperçus une douzaine d'Indiens, hommes et femmes, qui lançaient à l'eau leur grand canot d'écorce d'érable, et se disposaient à traverser le fleuve pour se rendre dans l'Etat de l'Illinois. Je m'habillai sur-le-champ, et mon camarade se vêtit avec la même hâte.

---

(1) Noix américaines qui sont très-communes dans cette partie des Etats-Unis.

J'appris bientôt par son intermédiaire quel était le but des Peaux-Rouges : ils voulaient gagner un grand lac sur lequel s'ébattaient des cygnes si nombreux qu'ils empêchaient cette nappe d'eau de geler par le mouvement qu'ils entretenaient en la sillonnant dans toutes les directions.

Nous obtînmes mon ami et moi la faveur de nous joindre aux chasseurs et nous nous assîmes à l'arrière du canot, dont les rames étaient mues par les femmes, tandis que les hommes, étendus au fond, achevaient tranquillement leur sommeil interrompu.

A peine débarqués sur l'autre rivage, les femmes, après avoir amarré le canot, s'occupèrent à chercher des noix, tandis que les chasseurs se dirigèrent vers le lac, se frayant un passage à travers les cotonniers qui s'élevaient sur toute la route et ralentissaient notre marche. Il faut avoir vu soi-même ces broussailles étroitement serrées qui croissent sur les terrains fangeux des terres d'alluvion des Etats-Unis, pour avoir une idée exacte des difficultés que le chasseur doit surmonter pour se livrer à son plaisir favori.

Chercher à les abattre pour y tracer une voie serait chose impossible ; on se glisse comme on peut entre les branches les moins touffues, se parant d'une main et chassant de l'autre les maringouins qui vous environnent, vous assaillent en bataillons serrés et vous menacent d'un aiguillon aussi vénéneux que celui des abeilles. Ce fut au milieu de ces obstacles, entre-mêlés de sauts périlleux par dessus des flaques d'eau d'eau bourbeuse sans fond et recouvertes de plantes

ertes, que nous parvînmes au bord du lac appelé
Muscle-Shoal.

Quelle émotion pour un chasseur européen! Devant
moi j'appercevais par centaines des cygnes d'une
blancheur semblable à celle de la neige, les uns arquant
leur cou gracieux au-dessus de leurs ailes, les autres
inclinés avec grâce, la jambe droite étendue, les ailes
arrondies, laissant la brise les pousser doucement, et
se réchauffant aux rayons d'un magnifique soleil.
Aussitôt qu'ils nous eurent vus, les cygnes s'enfuirent
à l'extrémité opposée du lac, manifestant une crainte
bien naturelle. Mais hélas! leur fuite était vaine, le
plan d'attaque des Peaux-Rouges était si bien com-
biné, que, de l'autre côté du Muscle-Shoal, ils tombaient sous les coups de nos chasseurs. En cherchant
à éviter le feu des uns, ils tombaient sous celui des
autres, et tous nos coups portaient en faisant une nouvelle victime.

Mes lecteurs comprendront quelle joie j'éprouvais à
tirer sur ces cygnes superbes qui tombaient sous nos
atteintes meurtrières, et dont le sang teignait en rose
les plumes albes de leurs ailes. Quand le carnage
cessa, l'on put compter au nombre de cinquante-neuf
ces magnifiques oiseaux qui flottaient sur le lac,
inertes, les jambes en l'air et la tête sous l'eau.

Se jeter dans le lac, nager et ramasser les uns après
les autres les cygnes qui étaient restés morts, tout cela
fut l'affaire d'une heure au plus, et chacun de nous,
chargé de son gibier, reprit le même chemin qu'il avait
suivi pour se rendre au Muscle-Shoal. Nous traver-
sâmes de nouveau le fleuve, et avant la nuit close les

Indiens étaient assis sous les tentes de leur *wigwam*, tandis que mon ami et moi nons rentrions dans notre cabine.

Cependant, dès notre arrivée au camp, les feux avaient été allumés; le repas du soir, formé de graisse d'ours, de viande de cerf boucanée et de noix, avait été savouré avec toutes les délices d'un appétit aiguisé par la fatigue, et chacun s'était étendu les pieds devant le feu ardent qui était allumé au centre du bivouac. Pendant que leurs époux, leurs pères où leurs frères se livraient au sommeil réparateur, les Indiennes, accroupies sur leurs talons, dépouillaient les cygnes de leurs plumes, et pressaient ces légères dépouilles dans des sacs faits de peau de daim. Je les observai pendant quelque temps par la porte vitrée de ma cabine, mais enfin le besoin de repos m'attira sur ma couche, où je ne tardai pas à m'endormir profondément.

C'est au milieu de ces ébats que nous passâmes huit jours parmi les Cherokees. Pendant ce temps-là, toutes les *hickory nuts* avaient été recueillies; le gibier, effarouché par nos coups de fusil, avait déserté ces parages, et les Indiens se préparaient à changer de quartier général. Le neuvième jour au matin, ils firent leurs paquets, démontèrent leurs *wigwams* et s'embarquèrent pour descendre l'Ohio jusqu'au Mississipi : ils comptaient traverser le *Père des eaux* dans ces parages afin de retourner à la Prairie.

Nous n'avions plus rien à faire à Creek-River; aussi nous résolûmes, mon ami et moi, de continuer notre excursion. Dès le point du jour nous démarrâmes notre bâteau, et le soir nous parvînmes au confluent du

lississipi et de l'Ohio, en dessous du cap Girardeau, à
ix milles du fort de Jefferson. Le froid était devenu
'une intensité sans égale ; aussi résolûmes-nous d'é-
ıblir une *log cabin*, et de nous y abriter en attendant
ue le temps se radoucît un peu. Dès le surlendemain,
: me mettais en chasse, et au bout d'une semaine je
ounaissais tout le territoire voisin de notre camp.
'avais rencontré des indigènes, qui vinrent grouper
urs tentes de peaux autour de notre cabane et s'asso-
ier à nos chasses. La plupart de ces Peaux-Rouges
ppartenaient à la tribu des Osages et d'autres aux
.yonas, ils ne vivaient que du produit de leur adresse
poursuivre les élans et les bisons, qui étaient en assez
rand nombre dans ces parages. Parfois aussi les Ayo-
as dirigeaient leurs flèches sur les opposums et les
indons sauvages, et leur habileté à percer un oiseau
'outre en outre, à la volée, ou un petit animal à la
ourse tenait vraiment du prodige,

Nos journées s'écoulaient ainsi de la manière la
nieux remplie. Du soir au matin nous poursuivions les
rosses bêtes et les oiseaux qui couvraient les petits
ιcs d'eau vive, si nombreux le long du Mississipi, et
: soir nous chassions souvent des bandes de coyotes
ui rôdaient autour de notre camp pour saisir les os
t les débris que nous leur jetions pour pâture. A la
ueur de notre feu nous apercevions l'éclat de leurs
eux, qui paraissaient semblables à deux tisons en-
lammés dans le manteau noir de la nuit, et ce point de
nire nous servait pour leur loger une balle dans le
râne. Si, lorsque l'animal était à terre, nous négli-
ions d'aller le ramasser, le lendemain nous trouvions

place nette : les camarades du mort l'avaient dévoré.

Nous demeurâmes quinze jours dans cet endroit, et nos provisions commençaient à diminuer, grâce à la compagnie des Indiens, qui nous empruntaient volontiers notre whiskey et notre pain ; il fut donc décidé que mon ami et moi nous traverserions le Mississipi pour aller sur l'autre rive acheter dans un village de la farine et de l'eau-de-vie.

Le lendemain matin nous partîmes seuls, laissant notre camp sous la protection des Osages ; mais à peine arrivés à trente pas du fleuve, nous rencontrâmes une harde de cerfs que nos poursuivîmes dans la direction des prairies. Un de ces animaux fut tué par mon camarade, et nous le hissâmes sur une branche d'arbre. Après avoir marqué la place, nous reprîmes notre marche ; mais nous nous étions égarés, et nous marchâmes en vain jusqu'à la nuit sans retrouver le lit du fleuve. Enfin, au milieu de notre terreur bien naturelle, nous aperçûmes sur la neige l'empreinte d'un grand nombre de pas, et dix minutes après nous nous trouvions à l'entrée de notre *log-cabin*, entourés par les Indiens, qui riaient de notre mésaventure, et nous raillaient de notre peu de perspicacité. Comme on le comprendra aisément, nous avions décrit un cercle vicieux, et nous avions fait fausse route.

Après une nuit qui nous remit de nos fatigues, nous repartîmes le lendemain matin, et cette fois nous marchâmes droit devant nous. Rien ne nous arrêta, ni les volées de dindons sauvages, ni les hardes de cerfs : à une heure après midi nous arrivions en face du village. Mais là ne cessèrent point les difficultés de notre entre-

ise. Le Mississipi charriait d'énormes glaçons, et,
lgré nos signaux, personne n'osait s'aventurer à
verser le fleuve. Il fallait donc passer la nuit sur
ace. Heureusement nous aperçûmes une cabane
andonnée et nous y cherchâmes un abri. A l'aide de
on fusil et d'un peu de poudre, nous eûmes bientôt
feu, et un dindon que nous fîmes griller fut dévoré
squ'aux pattes. Une litière de paille et de bruyère
ous servit de matelas, et la nuit, grâce au feu que
ous eûmes soin d'entretenir, s'écoula sans trop de
ouffrance.

Dès que le jour parut, nous sortîmes, mon ami et
oi, de la cabane protectrice. L'atmosphère était froide
t pure; le givre, suspendu aux branches des arbres,
omme des stalactites aux parois d'une grotte, les
endait si brillantes lorsque le soleil parut à l'horizon,
que l'on aurait dit que nous avions devant nos yeux
blouis une forêt de cristal. A nos pieds, le Mississipi
oulait ses ondes bleuâtres, au milieu desquelles clapotaient des glaçons d'une blancheur de neige.

Après avoir fait des signaux nombreux, nous vîmes
enfin un bateau se détacher et s'avancer de notre côté
dans les méandres formés par les glaces flottantes.
Grâce à de nombreux efforts, les deux hommes qui le
montaient parvinrent jusqu'à nous, et nous leur expli-
quâmes quel était le but de l'appel que nous leur avions
fait. Notre marché fut conclu, et ils reprirent leur chemin dangereux, nous promettant de revenir le soir
même.

Afin d'utiliser de notre mieux les heures qui devaient
s'écouler jusque-là, mon ami et moi nous convînmes

d'explorer les environs et de remplir nos carnassière:
afin de pouvoir au retour offrir à nos Indiens du pa:
et quelque chose de plus.

Nous nous mîmes donc en chasse, et avant l'aprè:
midi nous avions abattu une vingtaine de bécasses (
deux magnifique faisans, le mâle et la femelle, qu
partis à gauche et à droite sous le nez de notre pointe:
avaient recu de chacun de nous une volée de grain
de plomb qui les avait abattus

Comme cela avait été convenu, les deux batelier
revinrent au coucher du soleil, avec un baril de farine
de froment, plusieurs gros pains et un sac de maïs
Tout cela fut placé sur un traîneau fabriqué à la hâte
et grâce à nos efforts, en nous attelant tour à tour ;
cette charrette improvisée, nous arrivâmes au milieu
de la nuit sains et sauf et sans trop de fatigue, au
camp des Osages et à notre *log-cabin*.

Cependant le Mississipi commençait à décroître, et
la glace, en se retirant avec le niveau de l'eau, menaçait notre *keel-boat*. Par mesure de prudence, à l'aide
des femmes indiennes, nous allégeâmes notre bateau
de tout ce qui pouvait l'alourdir, et, à l'aide de troncs
d'arbres que nous abatîmes, nous formâmes autour de l'embarcation une jetée qui la garantissait en
entier.

Une fois ces dispositions prises, nos journées s'é-
coulèrent joyeusement, et les nombreuses chasses que
nous fîmes nous procurèrent tant de gibier, que les
corps des ours, des cerfs, des faisans et des bécasses
que nous tuâmes, joints à tous les lièvres que nous
prenions au collet, suspendus aux arbres voisins de

otre camp, lui donnaient l'apparence de l'étal d'un archand de comestibles, Les lacs qui nous environnaient contenaient aussi d'excellents poissons, et au oyen de filets ou de harpons, les Peaux-Rouges approvisionnaient notre ordinaire des plus belles truites des plus énormes brochets.

Les Indiennes passaient leurs journées à tanner des eaux de cerfs et de loutres, et à tresser des paniers jonc. Le soir, mon ami, qui avait apporté un violon ec lui, faisait danser ces « dames », et les hommes de tre *keel-boat* disputaient à leurs riveaux les Osages les Ayonas la palme de la galanterie. N'eût été le lumet rempli de tabac qui donnait à ce tableau un pect moderne, on aurait pu croire assister à une logue antique.

Trois semaines s'étaient ainsi écoulées, lorsqu'un atin notre camp se trouva envahi par une tribu Indiens Pieds-Noirs, qui étaient venus renouveler nitié avec les Osages. D'abord les deux tribus se redèrent d'un mauvais œil et les sourcils froncés; ais bientôt le discours d'un sachem produisit une pression favorable : la paix était faite.

Grâce à nos nouveaux compagnons, nous pûmes uir, mon ami et moi, d'un plaisir qui n'est plus nnu en Europe que dans la Hollande et en Ecosse : veux parler d'unechasse aux hérons faite à l'aide faucons dressés à servir les passions de l'homme uvage, auquel, soit dit en passant, l'homme civilisé ssemble toujours. Les faucons américains sont tout fait pareils à ceux d'Europe; ils sont de la même osseur, de la même force : la seule chose qui les

fasse différer des oiseaux de notre continent, c'est [la]
couleur de leurs plumes, qui sont plus foncées. Qu[ant]
à l'éducation qui les rend propres à la chasse et obé[is]-
sants au rappel de l'homme, mon ignorance de[s]
langue indienne m'a toujours empêché de conna[ître]
quels étaient les moyens employés par les Peau[x-]
Rouges pour obtenir ces résultats.

Le lendemain de l'arrivée des Pieds-Noirs à no[tre]
camp, nous nous dirigeâmes, en observant le p[lus]
profond silence, vers un marais formé par des sour[ces]
d'eaux vives. Deux chiens s'élançant au milieu [des]
joues qui croissaient sur les bords, firent auss[i]
lever un énorme héron gris, d'une immense env[er]-
gure, qui, prenant son vol et se livrant au ve[nt,]
monta devant nous comme s'il eût voulu se per[dre]
dans l'espace. En dix secondes, il n'était déjà p[lus]
qu'un point noir dans le clair azur du ciel. Mai[s à]
peine avait-il parcouru la moitié de son vol, que l['un]
des cinq faucons que portaient les Peaux-Rouges d[ans]
de petites cages de jonc, fut lâché contre lui.

D'abord, l'oiseau resta immobile sur le bord de [la]
boîte sombre, qui lui cachait la lumière, mais tou[t à]
coup, son regard ayant embrassé l'horizon, il aper[çut]
le volatille au *long bec emmanché d'un long c[ou,]*
poussa deux ou trois cris de colère, et d'un vol s[tri]-
dent comme le sifflement d'une balle, il s'élança à s[on]
tour d'une manière perpendiculaire. Cependant le hé[ron]
montait toujours et semblait disparaître à nos regar[ds ;]
nous n'apercevions plus que deux points noirs [qui]
paraissaient se heurter l'un contre l'autre, se fuir, [se]
rapprocher et tourbillonner. Tout à coup ces de[ux]

.oints noirs devinrent plus visibles : les oiseaux re-
.renaient leurs formes à nos yeux; le héron regagnait
son marais, poursuivi par son ennemi, et les jambes
allongées, le cou droit, la tête raide, les ailes mi-
ployées, on l'aurait pris pour un aérolithe détaché de
'un des mondes inconnus. En limier habile, le faucon
avait rabattu le gibier de notre côté; mais celui-ci,
puisant de nouvelles forces dans le danger qui le menaçait, fit un rapide mouvement qui trompa le coup
l'œil du faucon, et l'entraîna à vingt pieds plus loin.
Cet espace fut bientôt franchi de nouveau, et par un
brusque soubresaut, il saisit le héron à la gorge, et la
bataille corps à corps commença. Le héron, à bout de
ressources, se renversa alors en arrière, et rendit
coup de bec pour coup de bec, attaque pour attaque.
Tout à coup, une large penne empourprée de sang appartenant à l'un des deux oiseaux tomba au milieu
de nous : le faucon, car cette plume était à lui, roula
sur lui-même, comme s'il avait été atteint par un plomb
meurtrier. Nous pensions que tout était fini; mais ce
n'était qu'un étourdissement non une défaite. Plus
furieux qu'auparavant, le faucon se précipita sur son
ennemi, et la bataille qui se livra sous nos yeux est
impossible à décrire : c'était une lutte folle, une fuite
éperdue. Les deux oiseaux décrivaient des orbes immenses, tantôt ronds, tantôt ovales et sillonnés.

Enfin, après maintes ruses inutiles et mille détours
sans espoir, le héron, enlacé dans les serres puis-
santes de l'oiseau de proie, l'estomac déchiré par le
bec crochu comme une faux, — celle de la mort, —
tomba violemment sur les rives du marais. Mais il ne

fit que toucher le sol : le faucon se releva de nouveau
et à pic, emportant le héron, râlant sa dernière ago
nie, masse inerte, qui, lâchée tout à coup, vint choir
lourdement à terre, sans vie et sans mouvement.

Trois fois, durant la journée, nous jouîmes de ce
saisissant spectacle, l'un des plus émouvants qui aient
jamais frappé mes yeux.

Le froid continuait toujours, et la glace accumulée
sur les deux rives du Mississipi ne laissant plus au
milieu qu'un passage pour l'eau qui s'écoulait dans ce
canal étroit, nous résolumes de partir pour le cap
Girardeau.

Il fallut alors quitter nos amis les Peaux-Rouges
et je laisse à penser à mes lecteurs avec quels témoignages d'amitié nous nous dîmes adieu les uns aux
autres.

Nous parvînmes au cap le soir même de notre départ, et le lendemain matin, après avoir dépassé la
Grande-Tour, roc immense qui forme une île ronde
et élevée de quarante pieds au milieu du Mississipi
nous naviguions vers Sainte-Geneviève, où nous devions nous reposer de nos fatigues.

Pendant la nuit nous entendîmes sur le rivage des
Illinois les hurlements des coyotes qui faisaient la
chasse aux cerfs. A la clarté de la lune, qui éclairait
la terre comme la lumière électrique dans une déco-
ration d'opéra, nous pouvions voir une centaine de
coyotes groupés en meute comme des chiens, qui
poursuivaient un cerf et le poussaient vers un point
de la côte où une autre troupe de coyotes était en em-

uscade. Tout à coup, l'animal harcelé se trouva en
présence de ses nombreux ennemis, et à quelques pas
de là il tombait sous les étreintes de leurs dents acé-
ées. A ce moment un nuage obscurcissait le tableau,
et tout retombait dans l'ombre, comme une vision
dont la réalité se trahissait pourtant par les éclats
sonores des aboiements rauques et saccadés des
coyotes, qui s'abandonnaient aux délices de la curée.

Après deux jours de repos pris à Sainte-Geneviève,
nous songeâmes, mon ami et moi à retourner au logis,
et ayant traversé le Mississipi, nous nous trouvâmes
bientôt à pied sur le chemin qui conduit, à travers les
montagnes, jusqu'aux bords de la Wabasch. Mais avant
de parvenir au versant des collines, nous trouvâmes
les prairies remplies d'eau qu'il nous fallut traverser:
nos mocassins, dont la peau glissait et rendait notre
marche très-pénible, ralentissaient nos efforts et nous
empêchaient d'avancer comme nous l'aurions fait sur
la terre ferme. Le premier jour nous fîmes cependant
dix lieues, précédés par des troupeaux de cerfs, dont
les gracieux mouvements et la queue blanche agitée
par la brise s'apercevaient à plusieurs milles.

Ces prairies, qui étaient, à l'époque où nous les
traversions, désertes et arides, sont au printemps des
jardins de fleurs, dont les émanations flattent l'odorat,
comme leurs couleurs délectent la vue. Des nuages de
papillons, aux teintes diaprées et brillantes, disputent
aux oiseaux-mouches le butin de ce tapis soyeux;
mais, hélas! toute médaille a son revers, et des maringouins sans nombre, véritable plaie d'Egypte, rendent cet Eden inhabitable. Réunis en corps opaque,

comme des abeilles sorties de leurs ruches, ils forment des essaims si serrés, qu'il y a plus de cent de ces essaims par pouce carré. Les maringouins des prairies, lorsqu'ils attaquent un cerf ou un bison, le font périr dans les plus cruelles tortures. Chose remarquable, les hommes ne sont jamais poursuivis par ces dangereux insectes, et c'est seulement au plus fort de la chaleur qu'ils s'élèvent au-dessus des marais. Les cerfs, pour leur échapper, se plongent sous l'eau et ne laissent que leurs naseaux en dehors.

Trois jours après notre départ de Sainte-Geneviève nous parvînmes sur les bords de l'Ohio, et à cent pas devant nous, une fumée légère, sortant du toit d'une maisonnette, nous promettait un dîner et un lit. Une bonne femme, la maîtresse du logis, nous accueillit avec cordialité, et tandis que les deux fils regardaient avec admiration nos fusils à piston, et que nous séchions nos vêtements devant un grand feu, une belle jeune fille, grande et découplée comme une Arlésienne, servait sur la table de la venaison cuite à la poêle, des œufs, du lait et du café. Un verre de whiskey ajouta encore aux délices de ce repas.

Nous dormîmes dans cette maison hospitalière, et au moment de nous remettre en route, le lendemain, après avoir pris notre part d'un excellent déjeuner, comme la bonne femme notre hôtesse ne voulait point accepter de salaire, mon ami offrit à ses deux fils une corne pleine de poudre, don précieux pour les pasteurs des prairies de l'ouest. A mon tour je priai la jeune fille d'accepter un foulard de soie rouge tout neuf, que j'avais gardé au fond de mon bissac, et qui parut lui faire le plus grand plaisir.

L'après-midi, nons hélions un bateau à vapeur qui remontait l'Ohio, et le soir même, mon ami me reconduisait au logis de son père, où nous fûmes reçus comme des enfans prodigues.

XV

Les Dindons.

Avant l'époque de mes excursions aventureuses au
milieu des Peaux-Rouges de la prairie américaine, je
n'avais encore vu de dindons sauvages que dans les rues
de New-York, pendus au croc de quelque marchand de
comestibles ou bien ballotant sur le dos d'un *yankee
farmer* venu à la ville pour vendre ces magnifiques
oiseaux qu'il avait tués dans ses champs. Je savais
bien que le dindon était le gibier le plus succulent de
l'Amérique du Nord, mais jamais je n'en avais rencontré à la portée de mon fusil. Il aurait fallu pour cela
aller chasser dans les états de l'Ohio, du Kentucky, de
l'Illinois et de l'Indiana, tous situés au centre des
Etats-Unis, le long des bords du fleuve Missouri et du
Mississipi, les deux plus grands cours d'eau du continent américain, ou bien dans la Géorgie et les Deux-
Carolines, au milieu des montagnes Alleghanys, où il
est fort difficile d'approcher ces oiseaux, car ils vivent

sur les hauteurs les plus sauvages, au milieu des ravins inabordables et dans l'épaisseur des bois où l'homme n'a pas encore pénétré.

Un matin, pendant que j'étais au camp de Rahm-o-j-or, on vint dire à M. Simonton, l'un de nos camarades de chasse, que de nombreux dindons (1) avaient été aperçus par un Indien sur la lisière d'un petit bois de cotonniers qui bordait la savanne au milieu de laquelle nous avions dressé nos tentes.

Nous élancer lui et moi à la suite du guide qui s'était hâté de nous avertir, ce fut l'affaire d'un instant. Le Peau-Rouge nous recommanda d'observer le plus profond silence. Lui-même nous donnait l'exemple de la précaution, car il marchait avec tant de légèreté, sur le sol couvert de feuilles et de bruyères, qu'on aurait dit qu'il avait des ailes aux pieds.

Après avoir fait de nombreux circuits dans les sentiers naturels des touffes de cotonniers, nous parvînmes sur les bords d'une pelouse recouverte d'une herbe appelée *buffalo grass*, qui croissait à un pied de hauteur, et au centre de laquelle gloussaient, se

---

¹ Cet oiseau, l'un des plus magnifiques de l'Amérique du Nord, est aussi le plus gras et le plus succulent à manger. Ce volatile fut importé en France par les missionnaires jésuites qui étaient allés répandre la lumière de la foi catholique au milieu des tribus indiennes. Une erreur communément répandue attribue l'origine du nom du dindon à sa venue des Indes, ce qui le fit appeler poule d'Inde, et plus tard *dinde* tout court. Jadis l'Amérique fut appelée, par Colomb et les autres navigateurs l'Inde occidentale, et c'est de cette Inde, et non de celle arrosée par le Gange, que nous est arrivé le roi des oiseaux de nos basses-cours.

pavanaient et s'évertuaient une vingtaine de magnifiques dindons. La joie que j'éprouvai à contempler,
caché derrière un abri de feuillage, ce gibier nouveau
pour moi, ne peut être comprise que par un véritable
chasseur. Black et Nick, nos deux pointers, retenus
par une laisse, piétinaient d'impatience ; les yeux paraissaient leur sortir de la tête, et leur nez se dilatait
au fumet du gibier qu'ils avaient éventé.

Nous nous consultions du regard, M. Simonton et
moi, pour savoir quel parti nous devions prendre. Fal-
lait-il tirer simultanément nos quatre coups de fusil
sur le troupeau ou bien marcher droit à la rencontre
des dindons, les éparpiller dans les broussailles, et puis
entrer en chasse comme cela se pratique en Europe.
Nous nous décidâmes pour ce dernier projet, et, déta-
chant nos chiens, nous les suivîmes. D'abord, les dindons étonnés nous regardèrent avancer sans qu'aucun
d'eux changeât de place. Ils avaient seulement cessé
leurs jeux et restaient sur le qui-vive. Lorsque nous
fûmes parvenus à cinquante pas du troupeau, un des
coqs les plus énormes de l'association dindonnière
poussa un gloussement impétueux et saccadé qui fut le
signal d'une débandade générale. Nous fîmes feu simultanément, et trois dindons restèrent sur le sol.

Black et Nick s'élancèrent à la poursuite des oiseaux
dispersés dans toutes les directions, mais un coup de
sifflet les rappela près de nous, et tandis que nous re-
chargions nos armes, le Peau-Rouge liait nos trois
victimes par les pattes et les jetait sur son épaule.

Le vent soufflait du nord, et cependant l'air était
tiède et balsamique. Il fut décidé que nous chasserions

contre le vent afin d'avoir plus de chance pour approcher le gibier. Nous prîmes donc à droite, sans perdre une minute.

M. Simonton et moi nous nous dirigeâmes vers la plus prochaine remise des dindons. Ces oiseaux avaient fait une volée de cent à cent cinquante pas, puis nous les avions vu *prendre leurs pattes à leur cou* et trotter comme des autruches. A l'entrée d'une autre pelouse de la prairie, ils s'étaient rasés dans les herbes.

Une fois arrivés sur ce terrain, où nos yeux avaient perdu de vue le troupeau de gallinacées, nos chiens trouvent la piste; mais, malgré leur quête obstinée, ils ne rencontraient pas. Devant un épais massif d'arbustes et de ronces, à peine élevé de quatre mètres, ils s'arrêtaient et rebroussaient chemin.

Ce manége dura près d'un quart d'heure, mais à la fin le Peau-Rouge qui nous accompagnait dit à M. Simonton dans son langage pittoresque :

— L'oiseau noir est rusé et veut tromper le visage pâle. Il est monté sur des jambes de bois afin de ne pas laisser de traces. Jette tes regards dans les arbres et ton œil rencontrera celui de l'oiseau plein d'astuce.

Rien n'était plus vrai ! Les dindons avaient pris leur vol à quelques pas du buisson et s'étaient abattus au milieu des branches. Perchés sur les lianes, serrés les uns contre les autres, comme des poules sur les perches d'une basse-cour, ils avaient ramassé leur cou au niveau de leurs épaules et attendaient là, patiemment, en retenant jusqu'à leur souffle, que le danger fût passé.

Black et Nick s'élancèrent dans le fourré; ils sem-

. ٍlaient avoir oublié leur éducation première, et ils for-
ٍaient le gibier au lieu de l'arrêter. Le troupeau en-
ٍier prit de nouveau sa volée, en laissant cinq des siens
ٍux alentours du buisson. Trois se débattaient dans
٫es convulsions de l'agonie ; les deux autres étaient
ٍombés frappés à mort.

Dès ce moment il m'était prouvé que rien n'était plus
٫acile que de tuer un dindon : son énorme taille, la
٫esanteur de son vol, tout contribue à rendre cet oi-
٫seau la proie assurée du chasseur ; mais si la blessure
٫'est point mortelle, s'il n'est atteint qu'aux ailes, le
٫lindon, au lieu de perdre son temps, comme beaucoup
٫le gallinacées, à se débattre sur le sol, s'échappe sur-
٫le-champ, et son allure est si rapide, qu'à moins d'a-
٫voir un excellent chien, il échappe bientôt à toute re-
٫cherche. Si le dindon est frappé à la tête, au cou ou
٫dans la poitrine, il est mort ; tandis que si le plomb l'a
٫atteint au milieu du dos, il court encore si loin, qu'il
٫est presque toujours perdu.

Les chiens suivent la piste des dindons à des dis-
٫tances immenses, à près d'un tiers de lieue. J'ai vu des
٫chiens américains dressés à cette chasse qui, lorsqu'ils
٫avaient rencontré la voie de la compagnie, partaient
٫en silence sur un signal de leur maître ; mais arrivés
٫en vue des oiseaux, ils aboyaient sans cesse dans le
٫but de les effaroucher et de les faire voler dans toutes
les directions. Une fois séparés de cette manière, par
un temps calme et chaud, le chasseur commençait sa
tournée en tirant le premier dindon et, les tuant les
uns après les autres, les donnait à porter au nègre dont
il s'était fait accompagner.

Les dindons vivent généralement au milieu des vertes
savanes qui s'étendent le long des bois. Le matin e
le soir on les rencontre près des marais, abrités pa
les grandes herbes, grattant le sol pour y trouver des
vers et des insectes ; mais à midi et pendant la nuit il
reviennent vers la lisière des forêts pour y dormir, perchés sur les arbres. Dans cette position il est fort difficile de les apercevoir, car ils sont si immobiles, qu'ils
semblent faire partie inhérente avec la branche sur
laquelle ils se reposent. Règle générale, si l'oiseau est
accroupi sur ses pattes, il dort. Le chasseur peut s'approcher sans crainte. L'aperçoit-on debout, il est sur
ses gardes et au moindre bruit le voilà parti, bien
souvent si loin qu'il est impossible de le retrouver.

On fait souvent la chasse aux dindons en Amérique
par un beau clair de lune, lorsque ces oiseaux sont
perchés sur les arbres. Le bruit d'un coup de fusil ne
les effraie point alors, et l'on peut ainsi tuer toute la
compagnie sans changer de place.

Un matin, chassant dans un des comtés de l'Etat
de Missouri, j'entendis, au détour d'un bois, le long
d'une haie plantée de caroubiers, un gloussement ré-
pété qui attira mon attention. Je m'avançai à pas légers, et bientôt j'aperçu, perchée sur une branche
morte, une magnifique poule d'Inde qui caquetait avec
une extrême volubilité. L'oiseau se trouvait à quinze
pas de moi ; j'allais le tirer, lorsqu'à ma gauche des
gloussements successifs m'apprirent que plusieurs
mâles répondaient à l'appel de la femelle. En effet, je
distinguai bientôt au milieu des hautes herbes une
vingtaine de dindons qui s'acheminaient vers moi.

1 :urs yeux brillaient d'un feu inconnu, leur démarche
Juit précipitée, et leurs gloussements langoureux res-
f mblaient à ceux d'un chat qui fait l'amour sur les
puttières. A quinze pas, je tirai sur le troupeau, et
jeus le plaisir de ramasser six oiseaux énormes, qui
iaient les uns morts, les autres blessés à ne pouvoir
plus fuir. Me croira-t-on lorsque je dirai que le reste
de ces coqs semblait ne point vouloir abandonner ceux
qui avaient succombé sous mes deux coups de fusil,
et qu'il me fut encore possible d'abattre successivement
quatre d'entre eux sans quitter l'endroit où gisaient
les six victimes ?

Un de mes amis, qui voyageait à cheval dans l'intérieur des terres de l'Arkansas, ma raconté avoir
tué d'un coup de pistolet une poule d'Inde qu'il avait
vue accroupie sur la terre, et lorsqu'il alla la ramasser,
il s'aperçut qu'elle couvait sur un nid dans lequel se
trouvaient quatorze petits, à peine éclos depuis vingt-
quatre heures. La pauvre mère, malgré l'imminence du
danger, n'avait pas voulu abandonner sa progéniture.

Un fermier des Etats-Unis se plaignait, avec raison
du dégât que faisait sur ses plantations de maïs un
troupeau de dindons, qui ne voulait pas céder à l'inti-
midation et semblait défier tous les coups de fusil. Il
s'y prit de la manière suivante pour en arriver à ses
fins. Une large rigole fut creusée par ses ordres ; il
en tapissa le fond avec des grains de maïs, et ayant
chargé un tromblon jusqu'à la gueule, il plaça l'arme
meurtrière de telle sorte que cette pièce d'artillerie,
fixée sur deux crocs, dominât toute la tranchée. A la
gachette du tromblon se trouvait attachée une ficelle,

qu'il se proposait de tirer au moment favorable, en se
plaçant derrière un buisson épais qui se trouvait près
de là. Les dindons découvrirent bientôt la rigole pleine
de maïs, ils picorèrent chaque grain, sans cesser
pour cela de commettre leurs déprédations dans les
champs voisins.

Le *gentleman farmer* renouvela l'appât plusieurs
fois, et les volatiles s'accoutumèrent si bien à venir
chercher leur nourriture dans cet endroit, que les
nègres de la plantation n'appelaient plus la rigole que
turkey's ground (le champ des dindons).

Un soir, avant le coucher du soleil, le *squire* crut
que le moment opportun était arrivé de se servir de
sa machine infernale. Le voilà qui se glisse à plat
ventre jusqu'à l'endroit où gisait le tromblon ; il tire
la ficelle, le coup part, et il entend, dominant l'explosion, un bruit terrible, composé des cris des mourants et des coups d'ailes de ceux qui avaient échappé à la mort et s'envolaient loin du lieu du sinistre.
Quarante-trois victimes se trouvaient gisantes sur le
sol, le long de la tranchée, les unes mortes, les autres
voletant encore, ou bien se débattant dans les dernières convulsions.

« C'était beau à voir ! » me disait le fermier yankee,
et lorsque je lui demandai ce qu'il avait fait de tout ce
gibier, lui dont la famille ne se composait que de dix
personnes, y compris deux valets, il me dit qu'il avait
salé trente-cinq dindons, et que cette provision lui
avait été fort utile pour passer l'hiver avec économie.
Sans compter que ce coup de canardière avait tellement effrayé les oiseaux du voisinage, qu'ils avaient

i au loin, et que par conséquent la récolte du maïs ait pu être faite sans constater un trop grand déficit.

La chasse aux dindons se fait aussi dans les Etats-nis au moyen d'appeaux. Ces instruments se com-sent d'un petit os qui, taillé d'une certaine façon, taché à un petit sac de peau plein de crin, produit i son semblable au cri de la poule d'Inde. Les mâles pondent aisément à cet appel; ils accourent, et s lors leur mort est certaine.

Les Américains emploient, pour tuer les dindons, i moyen qui mérite d'être mentionné : c'est la chasse la trappe. Voici comment ils procèdent : lorsque les indons sont nombreux dans un bois, quand on re-iarque qu'ils s'y plaisent, on établit sur un espace e soixante pas, une sorte de cage factice faite de ranches d'arbres entrelacées entre elles, de manière former un rempart impénétrable, qui toutefois laisse asser le jour au travers. Cette cage est soigneuse-ient évidée en dessous; bien plus, on bêche tant oit peu la terre pour niveler le sol et le dépouiller e toute espèce d'herbes. L'une des extrémités de ette immense voûte est hermétiquement close, tandis ue l'autre offre un passage ou plutôt une coulée de rois pieds de haut, ayant la forme d'une ogive. De listance en distance, les deux parois de cette cage ont reliées l'une à l'autre par des perchoirs. Une fois ette trappe achevée, le chasseur couvre le sol inté-ieur de graines de maïs, et sortant par l'ouverture en give, il contourne un des côtés de la trappe, semant ur son passage une traînée de grains assez suivie pour ju'il soit impossible de la perdre. Les compagnies de

dindons découvrent bientôt les grains, et en les man
geant, ils suivent la traînée jusqu'à l'ouverture, a
milieu de laquelle ils s'aventurent sans trop hésiter
Une fois entrés, les oiseaux ne peuvent plus sortir, (
bien souvent un chasseur heureux, en visitant, s
trappe le matin, y rencontre une vingtaine de dindons
dont il s'empare sans coup férir. Il est bon d'ajoute
comme ombre à ce tableau, que les animaux nuisibles
tels que renards, coyotes et lynx, qui pullulent dan
les forêts de l'Amérique du Nord, devancent mainte
fois le chasseur dans sa visite matinale, et que, lors
qu'il pénètre dans la cage, il ne trouve bien souven
que des plumes et quelques os à demi rongés.

Je terminerai cet article sur le dindon américain er
racontant une des plus belles chasses qui aient jamai
été faites — du moins je le crois — au milieu des sa
vanes « de l'autre monde. »

Nous étions depuis deux semaines, mon ami e
moi, au milieu des Indiens, lorsqu'un matin, l'ur
d'eux accourut annoncer à Rahm-o-j-or qu'il avai
rencontré à cinq milles du camp un troupeau de din
dons qui était composé d'à peu près deux cents volatiles. Quoiqu'en général les Indiens estiment fort peu la
chair de ces oiseaux, à qui ils ne font la chasse qu'au
moyen de piéges, le désir qu'avait le chef d'être
agréable aux visages pâles qui étaient ses hôtes, lui
suggéra l'idée de donner des ordres immédiats pour
ne pas laisser échapper l'occasion de leur procurer un
plaisir de plus.

Une demi-heure suffit pour que tout le monde,
hommes, femmes et enfants, fût sur pied, se dirigeant

silence vers le lieu où l'Indien avait rencontré les
dindons. A un demi-mille de cet endroit, toute la tribu
sur un signal du chef, se divisa en deux troupes,
une se portant vers le nord et l'autre vers le sud.
C'était un curieux spectacle que de voir environ deux
cent quatre-vingt Indiens marchant à la file, sur un
seul rang, le corps à moitié courbé, afin que leur tête
ne dépassât pas les herbes au travers desquelles ils
se frayaient un passage. Bientôt un gloussement, ré-
pété par plusieurs coqs, nous avertit que les dindons
nous avaient ou aperçus, ou entendus. Le troupeau se
trouvait devant nous, et lorsque Rahm-o-j-or donna
le signal de l'attaque en poussant son *who* de guerre,
toute sa tribu se précipita en avant, faisant retentir
les airs de cris perçants et gutturaux.

Soudain, comme d'un seul bond, la compagnie de
dindons s'envola devant nous, poursuivie par les Indiens, qui ne s'arrêtèrent que lorsque leur première
remise fût accomplie. La même manœuvre fut répétée
cinq fois : à la fin, les oiseaux, lassés, rendus, ne pouvant plus voler, trottaient devant nous, s'appuyant
sur leurs pattes et sur les extrémités de leurs ailes,
pourchassés par les Peaux-Rouges, qui les attrapaient
par le cou et les assommaient sur le sol.

Lorsqu'on revint au camp, et que l'on compta le
produit de la chasse devant la tente du chef, il y avait
cent soixante dindons entassés dans un seul monceau.
Le reste de la compagnie avait échappé à ce « steeple-
chase » meurtrier, soit en se rasant dans les herbes,
soit en laissant passer cette meute humaine et en
fuyant ensuite sur nos derrières.

XVI

Le Chat sauvage.

La Louisiane et les Carolines du Nord et du Sud sont les Etats de l'Union américaine où les chats sauvages se trouvent en plus grand nombre. Les marais recouverts de broussailles qui s'étendent sur les bordures du Mississipi, les forêts épaisses à moitié noyées par les débordements des rivières Pamlico et Santee, servent de refuge à ces animaux si dangereux et si nuisibles au gibier de toute sorte. Ce qu'il y a de pire, c'est que, malgré la chasse fréquente qui leur est faite par tous les fermiers et les sportmen américains, les chats des bois sont toujours aussi nombreux que par le passé : il paraîtrait que la destruction de la race est tout à fait impossible.

Les Américains considèrent la chasse au chat sauvage comme l'un des plus grands sports de leur pays. Pour eux c'est un plaisir autant apprécié que l'est en Angleterre le *fox-hunt*. En un mot, le chat est aux

Etats-Unis ce qu'est le renard dans la Grande-Bretagne. Ce ne sont point des chasseurs vêtus d'habits rouges, galonnés sur toutes les coutures qui se livrent à la poursuite du *tom-cat :* le costume des planteurs et de leurs amis est bien plus simple, et à part les grandes bottes qui couvrent une partie des cuisses le reste de leurs vêtements est d'une simplicité sans pareille. Le seul emprunt fait par les chasseurs de l'*autre monde* à ceux du vieux continent, c'est la trompe de chasse, dont on se sert *ad libitum*, sans employer les *tons* usités pour les « courres » de l'Europe. Là-bas la trompe n'a qu'un seul but : celui de faire du bruit et de célébrer une victoire.

Le chat sauvage des Etats-Unis est un énorme animal, qui n'a de rapport avec la race de France que par la forme et quelquefois par la fourrure. Je ne crois pas avoir jamais vu nulle part de matous plus gros que ceux des deux Carolines. Leur pelage rougeâtre et diagonalement rayé de bandes foncées, leur queue aussi touffue que celle d'un renard, leurs oreilles velues, à peu de chose près semblables à celles du lynx, tout est réuni pour donner une idée parfaite d'un jeune tigre d'une espèce particulière.

Les nègres des Etats du sud de l'Union, dans leur langage pittoresque et familier, dépeignent de la manière suivante le caractère du chat : Une vermine goulue comme l'est un prêteur sur gages, mesquine comme un avocat sans cause, rageuse comme un peccari, insensible à la douleur comme l'est une tortue ou un mauvais maître; enfin, disent-ils pour abréger le tableau, cette bête sauvage est comme la femme : « on ne peut la comparer à nulle autre qu'à elle-même. »

En examinant pour la première fois la tête d'un chat sauvage, une chose m'a singulièrement frappé, c'est qu'elle ressemblait à s'y méprendre à celle d'un crotale : c'était la même expression de vile méchanceté, les mêmes mâchoires, la même forme des dents. Cette comparaison m'était d'autant plus facile, que l'un des nègres qui nous avaient accompagnés à la chasse ce jour-là, avait tué d'un coup de bâton un serpent à sonnettes, qu'il portait triomphalement au bout d'une longue gaule de caroubier. Ceci me rappelle qu'un matin, dans la Caroline du Nord, sur les bords de cet immense marais nommé *the great dismal swamp*, je m'étais égaré à la chasse, suivi de mon fidèle chien Black; je cherchais à retrouver ma route pour retourner à l'habitation où j'étais venu passer mes vacances, lorsqu'au détour d'un rocher, mon chien recula tout d'un coup, le poil hérissé, la queue entre les jambes et grognant sourdement pour appeler mon attention. Je regardai devant moi et je ne pus retenir un cri d'horreur.

A quararante pas environ, un chat sauvage et un crotale se défiaient au combat; leurs yeux jetaient des flammes; l'un sifflait, l'autre miaulait, et tous deux me représentaient l'image hideuse des passions mises en jeu et en présence les unes des autres. Le serpent se mouvait en replis à la fois pleins de grâce et de souplesse : le chat faisait le gros dos et paraissait attendre le moment de griffer son ennemi avec avantage. Soudain le serpent s'élança; le chat avait prévu le coup de jarnac du crotale, il s'était jeté de côté; mais au moment où il se retournait, le reptile le mordit à la lèvre, et, quoique serré à l'instant dans les griffes du quadrupède, il n'en parvint pas moins à étreindre son corps et à le presser avec violence. Je mis fin à l'agonie mutuelle de ces dangereuses bêtes : mes deux coups de fusil suffirent pour les étendre par terre, mortes et désormais incapables de nuire.

Au dire des Indiens, le serpent à sonnettes vit de l'air empoisonné des marais et de toute matière corrompue, tandis que le chat sauvage se nourrit du résultat des querelles des gens emportés et de mauvaise foi : aussi, lorsque les Peaux-Rouges veulent parler des dissensions intestines d'une famille de leur tribu, ils disent, dans leur langage presque oriental : — « Dans le wigwam de X... on engraisse des chats sauvages. »

Pour faire la chasse aux « toms » des swamps américains, les chasseurs se servent généralement de pistolets. Ce n'est pas que la plupart ne soient très-maladroits au tir de cette arme, mais c'est qu'au moyen de leurs *revolvers* ils peuvent blesser le chat, qui alors, se met à sauter d'arbre en arbre et donne ainsi aux sportmen un *fun* complet. En un mot, l'animal est une cible vivante, contre laquelle chacun s'exerce et cherche à montrer son adresse. Cette chasse n'est pas précisément d'accord avec la loi Grammont; mais comme le législateur français n'est point connu dans les pays d'outre-mer, et qu'en général les chasseurs sont d'un naturel peu sensible, surtout pour la bête fauve, —et le chat est dans ce nombre mis par eux au premier rang,—je m'abstiendrai de toute autre réflexion à cet égard.

J'ai été témoin, certain jour, d'une chasse au chat qui se termina d'une manière fort bizarre. L'arbre sur lequel l'animal avait cherché un refuge était un de ces peupliers monstres, élevé comme un mât, tout d'une venue, et dont la cime branchue se perdait dans les nuages. Le chat, ayant dépisté les chiens, s'était élancé le long du tronc jusqu'au bouquet vert formant le faite, dont la forme était pareille à celle d'un champignon qui serait placé au haut d'une canne. Nous finîmes par le découvrir accroupi sur une des plus grosses branches, près du tronc, nous regardant « comme bien au-dessous de lui, » avec une impertinence qui ressemblait à un défi. Ce fut en vain que nous déchargeâmes sur le chat douze coups de pistolet; il était si bien caché, ou plutôt,—je préfère le confesser humblement, — nous fûmes si maladroits, que nous nous trouvâmes, à un moment donné, sans munitions. Les chiens s'élançaient au pied du tronc, aboyant avec rage, mais ne pouvant pas plus agir que leurs maîtres.

Tout à coup l'un de nous aperçut une liane dont les brindilles passaient entre la branche sur laquelle reposait le chat et le corps de l'animal. Cette liane s'enroulait autour du peuplier et descendait jusqu'au sol. Nous nous hâtâmes de séparer ce parasite en deux morceaux, après l'avoir déroulé avec précaution. Nous prîmes si bien nos mesures, qu'en donnant une violente secousse, le chat fut lancé en l'air, et nous eûmes le plaisir de le voir décrire dans l'espace plusieurs évolutions, puis tomber sur la terre au milieu de nos chiens, qui, en quelques coups de dents, l'eurent bientôt achevé. Jamais, je l'avoue, je n'ai tant ri de ma vie, et mes camarades ne se firent pas faute de donner un libre cours à leur hilarité.

Je terminerai ce chapitre sur le chat sauvage en racontant un des épisodes de mon séjour sur une plantation de la Caroline du Sud, située non loin de Beaufort, la ville la plus pittoresque de cet Etat, bâtie au milieu de l'île de Port-Royal.

Huit heures sonnaient un matin à l'horloge de l'habitation de M. Potter, l'hôte chez qui j'avais été amené par un ami pour entreprendre une chasse de destruction contre quelques chats sauvages, dont la dent meurtrière faisait de grands ravages dans la basse-cour du maître. Nos chevaux avaient été sellés et bridés, et nous partîmes au nombre de cinq chasseurs, y compris le docteur de la plantation et moi, accompagnés par un veneur à cheval et un piqueur tenant en laisse quatre limiers devant lesquels sautaient et gambadaient trois pointers et un épagneul. Bientôt, à un mille de l'habitation, nous entrâmes dans le bois, où les chiens, tout en continuant à avancer comme nous, faisaient lever tantôt une bécasse, tantôt un faisan, sur lesquels nous tirions de notre mieux, sans toujours réussir à les abattre.

Nos fusils à deux coups étaient chargés d'un côté à balle et de l'autre à plomb de chasse, de manière à nous trouver prêts à tous hasards.

Au moment où les limiers étaient découplés et lâchés dans le fourré, le piqueur découvrit une carcasse de lièvre à moitié dévorée et encore fraîche, qui nous prouva qu'un chat sauvage avait osé commettre cet

icte de braconnage. Au même instant, les chiens trouvèrent la piste, et quelques minutes après, ils lançaient
'animal, qui passa devant nous, rapide comme une
lèche, et alla disparaître au centre d'un bouquet de bois
mpraticable, pour des chrétiens.

Nous nous hâtâmes d'entourer le buisson, tenant
los fusils en joue et cherchant à pénétrer l'obscurité
lu feuillage; mais cela n'était pas facile. Le chat se
tenait dans son fort et n'en voulait pas sortir; les
chiens faisaient de nombreux efforts pour se frayer un
passage à travers ces épines.

Soudain un coup de fusil se fit entendre, suivi d'un
autre. — Ah! s'écria l'un de nous, est-il mort? — Il a
du plomb, répondit une voix. — C'est possible! pensai-
je en moi-même, mais on ne le dirait pas, car les
chiens hurlent de plus belle.

Pan! voilà un troisième coup! Qui a tiré? — Le
juge Daniel, répondit le veneur qui se trouvait à quelques pas de moi.

— Sentence de mort, cela va sans dire, répliquai-je
à mon voisin.

Il n'en était rien, les limiers gueulaient encore à ne
pas s'entendre.

Mais quel est ce piétinement? C'était celui de la
monture du juge Daniel, peu accoutumée aux détona-
tions des armes à feu, et qui, ne se laissant point
émouvoir par les « goddams » répétés de son cavalier,
l'emportait au loin du côté de son écurie, où elle espérait avec raison trouver la plus parfaite tranquillité.

— Bon voyage! juge Daniel; ne vous cassez pas le
cou, nous chasserons seuls.

Patatras! le voilà désarçonné. Le cheval, indocil
et victorieux, se sauvait au grand galop; mais le juge
loin de faire attention à nos sarcasmes, remontait su
le cheval du veneur, qui, sans se faire prier, lui offrai
sa place en selle.

— Bon! voilà une autre détonation. — C'est le doc
teur, cria une voix, qui fait prendre une médecine
maître Tom! Il n'en mourra pourtant pas, le gredin
Je commence à croire que la bête a un talisman...
sous la queue.

Et chacun de nous de rire de cette plaisanterie. Le
docteur lui-même ne s'en fit pas faute.

Les chiens renouvelèrent l'attaque; leur voix était
plus forte, plus acharnée. Dans ce moment, entre les
branches d'un tulipier, j'aperçus un corps velu qui se
hissait avec toutes les précautions nécessaires. Je tirai
en grande hâte; un miaulement étouffé se fit entendre :
Tom était mort. Je lui avais donné le coup de grâce.

Le veneur, à l'aide de son *bowie-knife*, put se faire
jour à travers la clairière, et s'emparer du chat, qu'il
déposa à mes pieds.

Cet animal gigantesque pesait quatorze livres, et,
tandis que nous l'examinions, tout en empêchant les
chiens de déchirer sa splendide fourrure, le juge Daniel
s'approchait à son tour et s'écriait :

— Mais, de par tous les diables! ce n'est pas là le
chat que j'ai tiré : celui-ci est un léopard; mais l'autre
était plus gros, plus noir; je l'ai bien vu au moment
où il roulait à terre, après la détonation de mon coup
de fusil.

— Je pense comme vous, juge, ajouta le docteur,

’ai tiré sur un chat noir ; les chiens ont changé nos chats au milieu de ce buisson, que le diable confonde !

— Tant mieux, Messieurs, fis-je à mon tour, nous aurons alors deux chats au lieu d’un. « Çà, là, mes chiens ! çà, là, tayaut ! » Et je poussai les limiers vers le bois touffu, à l’endroit où le juge avait fait feu sur le quadrupède noir. Mais les chiens retournaient vers mon chat et ne voulaient pas écouter le veneur, qui les ramenait vers la seconde piste.

— Maugrebleu ! disait le juge, j’ai donc eu la berlue ?

Nous voulions donner la curée aux chiens, et le piqueur se mit sur-le-champ à écorcher l’animal. Lorsqu’il eut entamé la peau, après avoir mis à découvert l’échine, il nous fut facile de reconnaître que ce chat était bien le même que celui sur lequel nous avions tiré chacun à notre tour. Sur les six coups de fusil, quatre avaient porté, et les trous des balles prouvaient que le juge, le docteur, notre hôte et moi, nous avions fait feu sur le même animal.

Le flair de nos chiens était donc meilleur que la vue du docteur, qui confessa son erreur lorsque dans le corps de l’animal on retrouva sa balle, d’une forme toute particulière, logée dans le train de derrière, entre deux tendons. Selon toute probabilité, mon chat avait le poil changeant, et il appartenait à la race des caméléons.

J’avoue que je ne me lassais pas d’admirer les griffes coupantes et pointues de cette bête, gigantesque dans son espèce ; sa tête plate, ses yeux verts, ses dents aussi aiguës qu’un poinçon, son pelage rougeâtre,

moucheté de blanc et diagonalement traversé de raies
noires. Enfin, lorsque l'opération de l'écorchement fut
terminée, quand les chiens eurent dévoré les entrailles
fumantes de la bê'e, dont le corps fut pendu à une
branche d'arbre, je pliai la peau, que le veneur glissa
dans un sac de toile fait pour cet usage, et chacun remontant à cheval, nous continuâmes la chasse, tirant
par-ci par-là une gelinotte ou une bécassine dans les
swamps que nous traversions.

En chevauchant ainsi, nous parvînmes dans un bass
fond marécageux et couvert d'arbustes touffus, à travers lesquels nous éprouvions de grandes difficultés à
pousser nos montures.

Là, nos chiens recommencèrent à donner de la voix;
chacun de nous se posta de son mieux, et de temps à
autre nous nous levions sur nos étriers pour voir de
plus loin et découvrir, si faire se pouvait, quel animal
avait été levé par notre meute. Mais le fourré avait
l'épaisseur d'une muraille, et l'on ne pouvait rien voir.
Nos chiens hurlaient, les yeux hors de la tête, tournant devant nous, près de ce bois impénétrable à nos
piedscomme à nos yeux. C'était un composé de sable
mouvant et d'eau au milieu duquel des ronces avaient
tissé leurs branches épineuses autour de bouleaux
aussi droits que des roseaux, dont la cime s'élançait
vers le ciel. Ce fort, et c'en était un, était aussi im-
prenable que ceux... de Kronstadt.

Enfin les chiens s'arrêtèrent : leur voix saccadée et
les efforts qu'ils faisaient pour entrer dans le fourré
nous prouvèrent qu'ils avaient découvert la retraite de
l'animal, quel qu'il fût, et qu'ils le serraient de près.

Le planteur notre hôte, M. Potter, mit en joue, lâ-
ı la détente, et lorsque la commotion produite par
, détonation se fut évanouie, nous entendîmes dis-
ıctement un bruit de branches cassées, suivi de la
ute d'un corps dans une flaque d'eau.

Les limiers s'élancèrent hurlant comme des enragés,
, dans la route qu'ils se frayaient à travers les épines
, glissa le piqueur, qui parvint à arracher à leurs
ttes et à leurs dents un second chat, plus petit que
premier, mais d'une robe très-éclatante en couleurs
, bariolée de dessins bizarres.

Ce n'était point encore assez pour nous ; aussi fut-il
ıcidé que nous irions en avant, sans songer aux dif-
ıultés de la route.

— Partons, messieurs, s'écria le docteur, je réponds
ı la vie, et plus encore, de la santé de tout le monde !
allo ! voici nos chiens qui donnent de la voix. Bravo !
ıes *dogs*, bravo !

Et nous lançâmes nos chevaux au petit trot, sur un
ırrain plus sec, plus ouvert, une sorte de jardin an-
lais sauvage, moitié bois, moitié gazon, tandis que le
ıiqueur marquait les phases de la chasse au moyen
ıes paroles suivantes : « Ça va ! — Bien ! — Allons,
ılack ! — Par ici, Mylord ! — Ah ! ils vont à droite.—
ıon, ils reviennent par ici. — Voyez-les ! — Garde à
ıous, gentlemen ! — Comme ils aboient ! — Ferme !
— Trouvez-le ! — Bien ! — Ça y est ! »

Pendant ce soliloque, la meute avançait toujours,
ıuivie par tous les chasseurs et le piqueur même, qui
ıourait aussi vite que nous, tout en discourant à sa
manière. On parvint ainsi près d'un tiré fort épais, où

la piste était si fraîche que les chiens n'hésitèrent po[
un seul instant.

M. Potter nous criait, dans son ardeur sans pare[
pour ce sport vraiment plein d'attrait :

— Prenez garde, mes amis, ne gênez pas mes [
miers, ne les coupez pas ainsi; restez avec moi. Ecc[
tez la voix particulière des chiens à ce moment où [
sont près de la bête. C'est la clef de sol ! Je la recc[
nais, et certes ce n'est pas un cerf qu'ils poursuiver[
j'en suis sûr maintenant. Tout me porte à croire q[
c'est un chat. Gare à cet arbre renversé.

— Bien sauté! docteur.

— Très-bien aussi, monsieur le Français!

Et, dociles à la voix de notre chef de file, nous a[
rêtions nos chevaux devant un autre fourré, bordé d'u[
côté par une mare couverte de roseaux. Le fourré éta[
composé de palmiers nains, de chênes, de cèdres [
de caroubiers entremêlés de lianes et de vignes sau[
vages. Par intervalles, il y avait des éclaircies au tr[
vers desquelles nous espérions découvrir l'anima[
Chacun choisit sa place, l'œil au guet, le fusil à l'é[
paule.

Cependant l'ardeur des chiens se ralentissait : o[
aurait dit qu'ils avaient perdu la piste. Le piqueur le[
c. enait bien sur la première voie, puis ensuite il leu[
mettait le nez sur toutes les clairières; ses effort[
étaient vains. Nous allions donner notre langue au...
chat, quant tout à coup le noble Black donna un seu[
coup de gueule qui à lui seul valait... un long poëme[
Le voilà qui se mit à courir sans s'arrêter jusqu'à un[

rrière faite de blocs de bois et de pieux, — marque
limite d'une propriété. — Eureka ! il avait retrouvé
piste.

Tout portait à croire que, tandis que nous courions
pour du fourré, suivant des yeux les ébats de nos
tens, le chat — car c'en était un — se dérobant à
re vue et au flair de la meute, s'était glissé de
anche en branche, sans toucher le sol, afin de pro-
r de cette pause et pour gagner le bois voisin, der-
re la *fence* dont je viens de parler.

Black, le nez en l'air, avait découvert cette fraudu-
se escapade, et le bon chien nous avait remis sur les
ces de la bête.

Nous continuâmes donc notre poursuite, quand, au
tour du bois, un coup de feu se fit entendre, tiré
e un nouveau chasseur, un voisin de M. Potter, qui
nait rejoindre la chasse. Il avait aperçu le chat au
oment où il cherchait à s'échapper. Malheureuse-
ent, son fusil était chargé de petit plomb : l'animal
ait été piqué au vif, mais non blessé.

Devant nous, à peu de distance, le chat s'était hissé
r un arbre et sautait de branches en branches, n'osant
as descendre à terre.

—Voudrait-il nous jouer encore un tour de sa façon ?
nsai-je. Allons, mon petit tigre, cette fois tu ne nous
napperas pas !

Chacun de nous mit pied à terre, attacha son cheval
an arbre, et, sans plus tarder, nous restâmes imom-
es, la détente à l'index, épiant l'occasion favorable.

Trois coups de fusil résonnèrent à la fois, mais l'ani
mal n'avait pas été atteint.

— Bon ! je le vois, m'écriai-je, il s'élance sur u
haute branche. C'est à mon tour.

Mon fusil était chargé de six chevrotines, je ti
— Le chat grimpa plus haut. J'avais encore un c
à décharger, et choisissant le moment ou maître *
allait sauter sur un arbre voisin, je lâchai la déter
j'eus la satisfaction de le tuer *à la volée*, et de le
tomber de cinquante pieds de hauteur, — devant
camarades réunis tout exprès pour applaudir à
adresse, — dans les gueules de nos chiens, qui par
saient ouvertes juste à point pour le recevoir.

Hélas ! mes chers lecteurs, ce chat, c'était...
chatte bien plus petite que mon gros matou n° 1, ma
en revanche, elle était plus belle et d'une fourrure l
plus brillante que son congénère.

Notre admiration pour ce dernier animal fut
courte durée, car le soleil déclinait vers l'horizon
nous avions à franchir cinq milles pour retrouver n
dîner et les charmantes créoles, filles de notre h
à qui nous allions offrir les dépouilles de nos t
chats.

Voilà donc nos chevaux lancés au galop, et lors
nous entrâmes dans la longue avenue plantée d'a
cias qui donnait accès devant la pelouse de Potte
Cottage, une fanfare sonnée par l'un de nous annu
çait à la fois notre retour et notre victoire.

La nappe était étendue sur la table, le couvert
et le dîner prêt. Bientôt chaque chasseur fit, en b

mangeant, l'éloge des plats préparés avec soin par le
cordon-*noir* de notre hôte, à qui je dédie aujourd'hui
ce chapitre de mon volume, souvenir lointain d'une
amitié sincère et toujours présente : l'amitié de l'estomac !

XVII

Le Cerf.

Il y a dans la Caroline du Sud, sur les côtes baignées par l'Océan, une île magnifique qui s'appelle Édisto, plantée en partie de cotonniers dans les endroits cultivés, et couverte, au centre et à l'extrémité nord, d'une immense forêt remplie de gibier de toutes sortes. Les colons, qui se sont divisé, ou plutôt à qui leurs pères ont transmis par héritage les différentes habitations ou fermes entourées de nombreux acres de terre, sont les plus hospitaliers, les plus aimables que j'aie jamais connus pendant mon séjour aux États-Unis. Les élégants cottages dans lesquels ils habitent pendant les belles saisons de l'année, l'automne et l'hiver, renferment tout le confortable que l'on peut désirer. En un mot, la vie que l'on mène à Édisto m'a toujours paru semblable, à peu de différence près, à celle qui faisait dormir le grand Annibal lors de son séjour à Capoue.

Quant à moi, je déclare n'avoir jamais passé de plus douces heures que celles dépensées avec mes hôtes de Schooley's-Mansion, et si ce souvenir arrive jusqu'à eux, qu'il soit un témoignage de gratitude sincère pour toute la famille de M. Dallifold et pour lui-même. Que mes lecteurs se figurent une charmante maison de briques, peinte en blanc teinté de rose, couleur de magnolia. Une verandah ombrée de vert, supportée par une colonnade tressée de lianes tout autour de l'habitation, donne à cette résidence un aspect féerique, rendu plus réel encore par les arbres à fleurs plantés de tous les côtés de la maison, qui se trouve à l'ombre, comme un nid d'oiseaux-mouches caché dans un buisson d'acacias aux grappes odorantes. Les balsamiques senteurs des orangers et des citronniers sont d'autant plus suaves, qu'elles arrivent portées par une brise douce et tiède qui émane de la mer, dont les vagues viennent mourir à l'extrémité de la pelouse du manoir. Des faisans dorés, des oiseaux de Chine et du Japon, picorent dans les allées des grains que leur distribuent deux jolies créoles, filles du planteur, et dans les canaux remplis d'eau salée, renouvelée à chaque marée, se jouent des poissons de toutes sortes, parfaitement acclimatés et subissant sans maigrir leur captivité momentanée. Cet Éden fleuri est sans contredit le plus pittoresque du monde, et j'ai cru devoir le décrire de mon mieux avant de me mettre en chasse.

J'avais emporté, avec ma malle de voyage, un excellent fusil de Lepage, qui m'avait déjà servi dans mainte excursion cynégétique. Dès le lendemain de mon arrivée à Édisto, j'avais pris avec moi un nègre de la plantation, et guidé par l'Iolof, j'étais allé, avant déjeuner, reconnaître le terrain.

En deux heures, j'eus assez de chance pour voir de nombreux vols de canards, plusieurs couples de faisans, une dizaine de dindons, deux cerfs, et mieux encore, un lynx de la race appelée *catamount* (chat des montagnes), l'un des plus gloutons carnassiers de l'Amérique du Nord. De tout ce gibier j'avais tué ma part, et une douzaine de pièce pendaient sur les épaules d'Adonis — c'était le nom de mon porte-carnier, — quand nous rentrâmes lui et moi au cottage de M. Dallifold.

Pendant le déjeuner, mon hôte me proposa de faire, en compagnie de ses amis, une grand chasse sur l'île de Saint-John, contiguë à Édisto, dont les bois renferment des hardes de cerfs de Virginie (1). Ce projet me souriait, et j'acceptai avec reconnaissance. Dans le courant de la journée, mon hôte fit prévenir plusieurs planteurs ses voisins, et le lendemain, à cinq heures — c'était le 25 janvier 1843 — nous traversions sur une

(1) Ceci est un nom générique, un titre de famille que le savant Audubon a donné au noble animal que Gaston Phœbus et tant d'autres auteurs cynégétiques ont illustré dans leurs écrits. Mais il est bon de noter en passant que le cerf des Etats-Unis est, à peu de chose près, de la même taille et du même pelage que celui de France. La seule partie qui le distingue de nos grandes bêtes, c'est le bois, qui, au lieu d'être placé comme celui des cerfs d'Europe, pousse de manière à décrire une courbe, la pointe tournée du côté du museau ; c'est-à-dire, pour mieux expliquer cette bizarrerie de la nature, que, tandis que nos cerfs frappent et se défendent en levant la tête, ceux d'Amérique emploient le moyen contraire, et procédent comme le marteau sur l'enclume.

chaloupe le bras de mer qui sépare Édisto de Saint-
John, pour aborder devant une petite maisonnette servant d'écurie et d'étable à quelques bergers gardiens
d'une *manade* de *mustangs,* appartenant à M. Dallifold.

Les chiens étaient accouplés, les chevaux sellés, le
déjeuner servi sur une table rustique recouverte d'une
nappe blanche : aussi, lorsque nous eûmes apaisé la
faim aiguisée par l'air vif de l'Océan, chacun se dé-
pêcha-t-il de choisir le *tackié* qui devait lui servir de
monture.

Dans le nombre de mes camarades de chasse se
trouvait M. de L... ex-député de l'un de nos départe-
ments sous le règne de S. M. Louis-Philippe et sous
la République de 1848, qui avait été amené là par son
beau-frère, l'un des planteurs d'Édisto. M. de L...,
mari d'une fort jolie créole américaine, avait la vue si
faible, que pendant la chasse il prit un poulain pour un
cerf et l'étendit roide mort, les quatre fers en l'air, à
une distance de quarante pas.

Nous partîmes au nombre de six, précédés par autant de nègres tenant les chiens en laisse ; et après
avoir parcouru une distance de six milles au petit galop,
nous arrivâmes à un carrefour de la forêt qui était naturellement coupé par trois chemins. Là nous attendaient quatre autres *gentlemen,* dont les habitations
à Édisto s'élevaient à un quart d'heure de chemin de
ce lieu de rendez-vous.

L'un d'eux, un vieux chasseur, n'avait pas pris de
carabine ; car, disait-il : « Le cerf n'est véritablement

gibier que de juillet en décembre (1). Je ne tirerai donc ma poudre contre aucun d'eux, mais je n'ai pu résister au plaisir de voir courir ces nobles bêtes, et l'attrait de votre aimable compagnie m'a seul décidé à manquer au serment que je me suis fait de ne pas chasser en temps prohibé. » Et, soit dit en passant, vers le milieu du jour, un cerf se jeta sur lui, si près, que sa botte fut labourée par un des andouillers. Le vieux planteur se contenta d'appliquer une volée de coups de fouet à la bête, qui disparut dans un fourré où le chasseur sans armes ne crut pas prudent pour ses habits de se lancer à sa poursuite.

Nous étions tous les six armés de fusils à deux coups chargés de chevrotines, et chacun portait son arme à l'arçon de la selle.

Le piqueur en chef de M. Dallifold, un vieux nègre nommé Hector, vint *au rapport* devant nous. C'était une bizarre créature que ce Nemrod africain, dont j'ai toujours sous les yeux la fade ridée, les cheveux crépus blanchis par l'âge et la lèvre inférieure lippue et rouge comme une cerise, pendante de manière à laisser voir des dents blanches encore, malgré l'usage du tabac qu'elles avaient mâché pendant soixante ans (2). Dès sa plus tendre jeunesse Hector avait été chasseur, et son maître l'avait institué le *fournisseur de sa bouche* et le grand veneur de Schooley's-Man-

(1) Aux États-Unis, dans certaines provinces où les lois de la chasse sont observées, le courre du cerf est défendu pendant six mois de l'année.

(2) Dès l'âge de dix ans, les nègres s'adonnent au plaisir de *chiquer*. Hector avait soixante-dix ans révolus.

sion. A examiner son œil vif, ses jambes fines et
maigres, recouvertes d'une paire de bottes armées
d'éperons; à le voir monté sur un poney portant sur
son dos une selle étroite, les pieds reposant dans de
larges étriers, on devinait sans peine que notre veneur
connaissait son métier et que nous ne rentrerions pas
bredouilles au logis.

— Eh bien! Hector, quelles nouvelles? ferons-
nous bonne chasse aujourd'hui? fit mon hôte à son
esclave.

— Bien bon! répondit Hector dans son patois; moi,
montrer gros cerf à vous, mais chasseurs devoir tirer
leurs fusils droit.

— Bravo! mon vieux! fais claquer ton fouet, lâche
les chiens.

— Allons, Messieurs, dit-il, en se tournant de notre
côté, prenez vos fusils, et choisissez vos places.

En quelques minutes, les limiers avaient été découplés, et nous avions grand'peine à les suivre au galop
sur une route droite, le long de laquelle ils s'étaient
élancés sentant la piste que leur avait montrée Hector. Enfin, à l'angle d'un rocher, la meute pénétra
dans le bois, et sur un signe du piqueur, comme cela
avait été convenu à l'avance, chacun alla se placer à
cinquante mètres de distance l'un de l'autre.

Je me glissai sous un chêne gigantesque, dont les
branches m'abritaient et me cachaient à tous les regards. Devant moi j'avais une passe, une large coulée
dans les futaies, qui, suivant ma science stratégique
de chasse, devait être un bon passage pour les cerfs.
J'éprouvais une émotion que tout chasseur comprendra

aisément, émotion mêlée de crainte, car je songeais autant aux chances que j'avais de voir un cerf à portée qu'à celle de recevoir à la tête une balle égarée.

J'adressai mentalement une oraison au grand saint Hubert, et ma prière ne fut interrompue que par la voix des chiens aboyant près de moi.

Tout à coup le taillis s'ouvrit à vingt pas en avant, pour donner passage à un magnifique dix-cors qui tomba au milieu de la coulée, comme l'eût fait une fusée, un jour de réjouissance publique, au milieu de la foule serrée sur la place de la Concorde. Une agitation fébrile s'empara de tout mon être : j'étais atteint du mal qu'on appelle aux Etats-Unis la *fièvre du cerf*, émotion bien naturelle quand on se trouve si près d'une énorme bête. Lorsque machinalement je mis en joue et je lachai la détente, la vision avait disparu, la réalité n'était plus qu'un rêve. Porté sur les ailes du vent, le cerf s'était jeté entre deux chasseurs : leurs quatre coups de fusil avaient été inutiles, et il courait au milieu de la plaine, détalant de son mieux pour s'éloigner d'un voisinage aussi dangereux que l'était le nôtre.

Les chiens retrouvèrent la piste, et nous nous élançâmes sur leurs traces. C'était le moment de montrer notre science hippique. Nous comprenions que le cerf cherchait à atteindre l'autre partie de la forêt ; la tactique était de l'empêcher d'y pénétrer en le devançant afin de lui barrer le chemin.

En avant de nous tous galopait un chasseur monté sur une jument qui l'emportait avec une rapidité sans égale. Je le vis mettre son fusil en joue et tirer ; mais le cerf n'avait pas été touché : il bondit à ce bruit insolite et se rejeta de côté, toujours dans la direction du grand bois. Ce coup de feu n'avait fait que hâter sa course vagabonde. Notre compagnon de chasse avait une autre chance pour lui, c'était de forcer le cerf du côté d'une crevasse profonde qu'il lui serait impossible de franchir d'un saut. Il prit ce dernier parti, car nous le vîmes enfoncer les éperons dans les flancs de sa monture et la diriger vers la lisière du bois, où il parvint au moment où le cerf traversait le chemin, à cent mètres loin de lui. Nous perdîmes de vue pendant quelques instants le chasseur et le cerf, mais soudain, le bruit d'une arme à feu fit résonner les échos. Chacun de nous se lança en avant pour arriver le premier, et lorsque nous parvînmes près du chasseur, un triste spectacle s'offrit à nos yeux. Devant nous gisait expirante la jument de notre camarade, et à quinze pas plus loin le cerf, pleurant et bramant, râlait sa derdernière agonie.

Qu'était-il donc arrivé?

Dans l'ardeur de sa poursuite, le chasseur avait voulu faire franchir à sa monture un palmier nain derrière lequel se hérissait un tronc d'arbre coupé en forme d'épieu, et la malheureuse jument, retombant sur ce *cheval de frise*, s'était empalée d'elle-même par le milieu de la poitrine. Le cavalier avait été jeté à quelques pas, sans éprouver grand mal. Au moment où il se relevait, tenant encore son fusil dans la main, il avait aperçu le cerf à dix mètres devant lui, et d'un seul coup l'avait étendu sur le sol.

Le vieux Hector, qui nous avait rejoint, embras-

ait la pauvre jument, tout en récitant son oraison fu-
èbre ; mais bientôt M. Dallifold l'arracha à cette dou-
:ur intempestive et lui recommanda de trouver une
utre piste. Deux des amis du chasseur démonté pro-
iosèrent de lui tenir compagnie jusqu'à ce que les
ègres de notre hôte vinssent enlever le gibier et
irendre les harnais de la jument. Nous nous remîmes
n chasse au cœur de la forêt, dont les arbres de haute
utaie laissaient à peine tamiser quelques rayons de
ioleil. Jamais la hache n'avait touché ces géants des
iois, et Robin Hood, s'il eût vécu en Amérique, n'eût
ias désiré une plus sûre retraite pour lui et pour ses
iardis compagnons.

Hector, qui guidait notre marche, nous fit enfin faire
aalte : il cherchait une piste ; et pendant qu'entouré
le ses chiens il *faisait le bois*, nous profitâmes de ce
'épit pour nous *refaire l'estomac*. Un *lunch* impro-
·'isé, consistant en viandes froides et en excellent vin
le Bordeaux, nous rendait à la fois nos forces et notre
ionne humeur.

— En selle! s'écria tout d'un coup M. Dallifold :
·lector et ses chiens ont lancé un autre cerf.

A peine nos pieds étaient-ils assurés dans les étriers,
ju'une harde composée de six biches et d'un cerf passa
levant nous à vingt mètres, suivie par la meute en-
ière, qui donnait de la voix à pleins poumons. Nous
Hions sept chasseurs, le fusil en main, ayant chacun
leux coups à tirer. La décharge fut simultanée, et
juand la fumée de la poudre se fut dissipée, nous
iomptâmes cinq biches et un dix-cors se roulant sur
e sol dans une ultime agonie. Le septième animal,

blessé au poitrail, près du poumon, avait encore eu l
force de poursuivre sa route : on le retrouva mort l
soir, sur le bord de la mer, non loin de l'endroit o
nous nous embarquions pour retourner à Schooley's
Mansion.

Nous ne quittâmes Saint-John que très-tard; la lun
se mirait dans le sillage de notre chaloupe, sur l'aven
de laquelle le produit de notre chasse avait été en
tassé.

Pendant le souper, qui nous attendait chez M. Dal
lifold, chaque convive racontait des histoires de chass
fort intéressantes. L'un d'eux, à propos de la loi qu
défend l'affût du cerf fait la nuit au moyen du feu, —
chasse de braconnier très-usitée aux États-Unis, —
nous fit le récit que je vais transcrire à mes lecteurs

Certain soir d'automne (il y a trois ans), l'air étai
frais, presque froid; et quoique les étoiles brillassen
à l'horizon, il régnait une humidité pénétrante, qui s
condensait en brouillard pour retomber ensuite e
gouttelettes sur les arbres plantés autour de la maiso
de plaisance de mon ami Remson, le plus riche plan
teur de la Caroline du Sud, qui est connu de nous tous
gentlemen. L'*overseer* (l'intendant) de mon bon ca
marade causait, devant l'habitation avec un nègr
qui venait de lui remettre une lettre.

— Ah! tu reviens de Charleston et tu as parlé au
maître, à ce que je vois. Pourquoi, méchant drôle, lu
as-tu dit que les cerfs venaient, chaque nuit, mange
ses champs de fèves?

— Massa Slouch, répondit le mauricaud en riant.
ce n'est pas moi qui ai appris cela au *squire* Remson

— Tu mens, César. Le désir d'obtenir un schelling
a délié la langue, et pourtant je t'avais recommandé de ne faire part de cette découverte à personne.
C'est bien, tu me paieras ce bavardage. Va-t'en, et
envoie-moi Pompée.

Le noir que l'intendant gourmandait ainsi ne se fit
pas intimer une seconde fois l'ordre de s'en aller, et
laissant le majordome de M. Remson à ses réflexions,
il courut dans la direction des cases à nègres qui bordaient la pelouse verdoyante semée au nord de la plantation.

Quelques moments après, Pompée arriva près de
l'*overseer*, et celui-ci, sans écouter les nouvelles ré-
clamations du camarade de César, lui enjoignit d'aller
ramasser des pommes de pin et de préparer une poêle,
afin de pouvoir, le soir même, faire une chasse au
jeu.

— Mais, objecta timidement Pompée, lorsque
M. Remson arrivera demain, si les cerfs ont cessé de
venir le soir dans son champ, il nous accusera de les
avoir pourchassés pour notre propre compte.

— Que t'importe ? tu diras que tu ne sais pas ce qui
s'est passé : c'est à cette seule condition que je ne raconterai point à notre maître que tu as déjà tué, à
toi tout seul, quatre cerfs, vendus ensuite par toi à
Charleston. Je connais ta maraude, comme tu vois, et
je te tiens sous ma main. Silence pour silence.

Pompée baissa les yeux devant les preuves de son
braconnage particulier, et sans plus se faire prier, il se
promit de tout préparer pour la chasse du soir.

Une heure après le coucher du soleil, l'intendant,

précédé du nègre qui portait un sac de pommes de pin
et une poêle à frire, quitta la maison du maître, monta
sur un cheval recouvert d'une peau de mouton, au-
dessus de laquelle était fixée une large selle. Il tenait
enroulée dans ses mains, une corde terminée par un
crochet, destinée à traîner le gibier quand il aurait été
tué.

La nuit était venue, l'atmosphère était limpide, et
les étoiles brillaient au ciel. Aucun souffle de vent
n'agitait les feuilles de la forêt, et l'écho répercutais
à peine que le bruit des pas du cheval et de ceux du
nègre qui éclairait la marche.

— Nous voici arrivés, dit enfin Pompée, la lune va
bientôt disparaître derrrière la montagne, le vent fraî-
chit, et dans une demi-heure, si rien n'a dérangé leur
habitudes, les cerfs viendront au pacage.

Tandis que l'intendant examinait sa carabine et la
chargeait avec soin, Pompée préparait la poêle, la sus-
pendait à un arbre, et après l'avoir remplie de pommes
de pin, il mettait le feu à cet engin de chasse d'un
nouveau genre.

— Maintenant, fit-il, massa Slouch, prêtez-moi la
carabine, et je vais vous faire voir comment on tra-
vaille à la chasse au feu.

— Non pas ! grosse brute, répliqua rudement l'*o-
verseer* ; j'aime mieux faire le coup moi-même ; d'ailleurs, je ne me fie pas à ton adresse : tu tirerais trop
loin.

— Je suis plus habile que vous ne pensez, et je sais
deviner, rien qu'à la grosseur des yeux, à quelle distance se trouve le coyote ou le cerf qui s'avance dans

l'obscurité. Au reste, faites comme vous le voudrez, nassa Slouch. Mais surtout taisons-nous et rampons ur le sol de manière à ne pas effaroucher le gibier.

Sans plus tarder, les deux braconniers s'avancèrent dans l'obscurité, évitant les rayons de lumière que produisait le feu de joie dans la poêle. A peine avaient-ils fait cinquante pas, que devant eux, à dix mètres, ils aperçurent un magnifique dix-cors broutant les fèves du champs de M. Remson. Mais Slouch n'eut pas le temps d'ajuster l'animal, qui d'un seul bond disparut à ses yeux.

— Goddam! s'écria l'*overseer*, j'ai perdu là une belle chance ; mais n'importe, si celui-ci n'est pas seul, gare à son camarade !

Le silence se fit de nouveau, et les deux hommes continuèrent à s'avancer, *à quatre pattes*, dans les sillons du champ de fèves. Le premier s'arrêta tout d'un coup, et du pied il frappa l'épaule du nègre, qui fit halte à son tour. A cinquante pieds, dans le sillage de la lumière, un cerf aussi gros que le premier, resrestait immobile comme celui qu'Albert Durer a représenté dans la *Vision de saint Hubert*.

Avancer davantage eût été imprudent. Aussi Slouch épaula-t-il sa carabine, et après avoir visé pendant quelques secondes, il lâcha la détente. Le cerf fit un bond et retomba lourdement sur le sol. Il était mort !

La détonation avait réveillé tous les échos d'alentour, et les hiboux, qui sautillaient sur les arbres, s'élancèrent dans les airs, effrayés par ce bruit insolite. Ce spectacle était solennel. S'élancer vers l'endroit où gisait le noble animal, s'assurer qu'il avait cessé de vivre, l'éventrer, arracher les intestins, l'attacher par les quatre pattes et le placer sur la croupe du cheval, tout cela fut l'affaire d'un quart d'heure.

Cette opération s'était passée en silence. Aussi lorsque tout fut fini, au moment où Pompée, qui tenait la bride du cheval, s'apprêtait à reprendre le chemin de l'habitation de M. Remson, les deux braconniers tressaillirent-ils, car un bruit avait troublé le silence de la nuit.

Slouch, qui avait rechargé à la hâte sa carabine, se tourna du côté du feu qui brillait encore : ses yeux rencontrèrent ceux d'un animal qui s'avançait de son côté.

Un autre coup de feu se fit entendre. Aussitôt Pompée, s'élançant en avant, s'écria avec terreur :

— Hélas ! hélas ! c'est le poulain de la jument favorite du squire Remson que vous avez tué !

C'était en effet un magnifique poulain de deux ans qui gisait sur le sol, roide mort : la balle l'avait frappé au cou et s'était perdue dans les chairs.

— Que faire? demanda Slouch : enterrer la bête? on la découvrira par l'odeur; — la jeter à l'eau dans l'étang? il en sera de même. — Ah! fit-il, comme frappé d'une idée subite. Aide-moi, Pompée; j'ai trouvé le moyen de cacher ma maladresse et personne ne saura rien !

Les deux braconniers traînèrent l'animal vers une haie formée d'épieux superposés les uns sur les autres, et ils accrochèrent le poulain à un des morceaux de bois, précisément à l'endroit où la balle avait pénétré dans le corps.

— Demain, fit Slouch, les aigles et les busards auront attaqué la bête, et avant le soir nul ne pourra dire comment le poulain est mort ; il sera seulement prouvé qu'il s'est accroché ainsi en voulant sauter par-dessus la haie. Maintenant, Pompée, pendant que je vais rentrer à l'habitation, toi, tu iras jusqu'à la maison du maître de poste, et tu remettras à Jack le voiturier le cerf que j'ai tué. Tu lui diras de le placer sur le stagecoach (diligence) qui va à Charlestown : une fois là, il le fera porter à l'adresse convenue. Va ! silence et discrétion surtout. Tu auras pour ta peine un dollar et deux livres de tabac. Un moment ! je fais une réflexion : au lieu d'emmener mon cheval, va prendre la jument de M. Remson ; de cette manière elle sera loin de la maison et ne pourra pas chercher le poulain. En revenant, tu la lâcheras dans les champs, et s'il lui arrive malheur, ma foi, tant pis !

Les deux braconniers se séparèrent, et tandis que Slouch, l'infidèle intendant, se couchait tranquillement, Pompée, obéissant à ses ordres, allait chercher la jument, chargeait sur son dos la venaison destinée à être vendue au marché de Charleston, et se rendait à la maison du maître de poste, où l'attendait Jack le voiturier.

L'affaire était conclue, et Pompée regagnait, monté sur la jument, l'habitation Remson, lorsque soudain la bête fit un écart et le jeta par terre. Un coup de feu venait de retentir, et des gémissements terribles troublèrent la tranquillité de la nuit. Se relever d'un seul bond et s'élancer dans la direction de cette agonie, tout cela fut l'affaire d'un instant pour le nègre braconnier.

Devant lui, au pied d'un arbre, gisait sur le sol u
homme murmurant une prière et sur le point d'expire
Horreur ! Pompée avait reconnu dans le moribond so
frère César, frappé à mort par une balle : l'infortu
râlait, baigné dans son sang.

— Ah ! mon Dieu ! s'écria-t-il, mon frère ! qui a fai
ce mauvais coup ? serait-ce Slouch, l'*overseer* ? Ré
ponds ! Ah ! si c'est lui, je le tuerai comme un chien

César fit signe à son frère de l'adosser contre l'ar
bre ; et puis, à mots entrecoupés, le malheureux nègr
lui raconta que, sa femme ayant été atteinte depuis deu
heures des douleurs de l'enfantement, il était par
sans rien dire à personne pour chercher le médecin d
comté. Arrivé près du champ de fèves, il avait aperç
un feu qui brûlait dans une poêle. La curiosité l'ava
attiré, et malgré les ruades du cheval qu'il montait,
s'était avancé jusqu'auprès de la haie. Soudain la dé
tonation d'une arme à feu s'était fait entendre et
s'était senti frappé d'une balle. Au cri d'agonie qu'
avait poussé, un braconnier s'était précipité à son se
cours, et, se mettant à genoux, l'avait supplié de lu
pardonner sa fatale méprise. Il avait cru, en voyan
les yeux de la mule, tirer sur un cerf. Au bruit fai
par Pompée et par la jument, le braconnier, craignan
d'être surpris par un témoin, s'était relevé pour pren
dre la fuite.

—Béni soit Dieu ! ajouta César, tu es arrivé à temps
je craignais de mourir seul au milieu du bois. Oh ! qu
ne puis-je encore une fois embrasser ma femme, mo
enfant qui va naître ! Oh ! je meurs, je vais expire
sans les voir ! Pompée, mon frère, tu serviras de pèr

à mon premier né, tu lui apprendras mon nom. Adieu !
adieu ! ah !...

Le malheureux était mort !

Cet événement produisit une terrible impression
sur le nègre Pompée. Saisi de remords, il avoua à
M. Remson, qui arriva le lendemain à l'habitation,
tous les détails de la chasse au feu. L'intendant
Slouch, cause première du malheur qui était arrivé,
fut renvoyé par son maître, et comme il ne put trouver
à se placer sur aucune habitation des Carolines, faute
du certificat indispensable à tout surveillant de plantation, il quitta le pays et s'embarqua pour la Californie.

Pompée vit encore à Remson-Cottage : il a remplacé
Slouch dans la gestion des affaires du maître, qui n'a
pas perdu au change.

XVIII

Les Bouquetins.

En remontant le cours de la rivière Arkansas, qui a donné son nom à l'un des plus vastes territoires de l'Amérique du Nord, incorporé il y a vingt années dans la république des Etats-Unis, le voyageur arrive bientôt au pied des montagnes Masserne, pics escarpés qui sont la continuation de la chaîne des montagnes Rocheuses, les steppes du Nouveau Monde. Ce pays désert, dont le sol n'est foulé que par quelques tribus indiennes et de nombreux animaux, les seuls êtres qui donnent un aspect de vie à ces solitudes, est couvert, pendant huit mois de l'année, par un tapis immaculé de neige épaisse. Plusieurs glaciers alimentent des cascades et des courants d'eau qui vont se perdre au milieu des vastes prairies du Sahara américain.

Les ours abondent dans les ravines des montagnes Masserne ; les coqs de bruyère (*grouses*) se rencontrent à chaque pas sous les couverts de cotonniers, de cèdres et de chênes nains qui croissent entre toutes les fissures des rochers. Le raccoon, le couguar, les coyotes se disputent des proies sans nombre ; les oies, les dindons, les *quails*, les grues, les autruches (1) même — car il y a des autruches aux États-Unis — pullulent dans tout le territoire, pour le plus grand plaisir des chasseurs, attirés par l'abondance du gibier.

Mais le quadrupède le plus élégant et dont les hardes innombrables paissent en toute liberté sur les cimes gazonnées de la Suisse des États-Unis est, sans contredit, le bouquetin (2), appelé par les Indiens Shoshones et les Peaux-Rouges Creeks : *apertachoekoos*, et par les naturalistes *prong-horn* (antilope américain).

Les pionniers qui faisaient partie de l'expédition des colonels Lewis et Clarke, pendant leur voyage à travers les prairies situées entre la chaîne des Masserne et celles dites Montagnes Rocheuses, ont été les pre-

(1) Rien n'est plus gracieux de forme et de gentillesse que le bouquetin d'Amérique, dont les couleurs brunes, noires, rougeâtres et blanches diaprent un pelage long et soyeux. Le mâle est toujours plus gros que la femelle. Derrière chacune de ses oreilles se trouve une petite place noire d'où suinte une liqueur visqueuse dont l'odeur est souvent insupportable. Un bouquetin pèse ordinairement de soixante-dix à quatre-vingt kilogrammes.

(2) J'ai vu entre les mains d'un naturaliste de New-York deux autruches, mâle et femelle, qui avaient été tuées dans l'Iowa, près du Fort des Moines. Elles avaient cinq pieds de hauteur et quatre pieds et demi de longueur, de l'estomac à l'extrémité de la queue. Leur bec mesurait cinq pouces et était fort pointu. A peu de différence près, elles ressemblaient aux autruches d'Afrique. Elles avaient été achetées 1,000 dollars (5,200 francs environ).

miers à décrire ce gracieux animal. Comme les chamois et les isards, les bouquetins d'Amérique sont si craintifs et si méfiants, qu'ils ne se reposent jamais qu'aux sommets des précipices et des arêtes d'où ils peuvent dominer tous les chemins aboutissant aux roches qu'ils occupent. Leur vue est si perçante et leur odorat si subtil, qu'il est toujours fort difficile de les approcher à portée de fusil. A peine ont-ils compris le danger qui les menace, qu'ils s'élancent et passent devant les yeux du chasseur avec plus de vitesse qu'un oiseau au vol.

Tous les soirs, les hardes de bouquetins quittent avec précaution leur « aire » escarpée, descendent dans les plaines qui s'étendent au pied des montagnes et chaque bête marche à la file l'un de l'autre pour aller se désaltérer à la source la plus prochaine. Mais le moindre danger menace-t-il la harde, le mâle, qui marche en tête, pousse un cri aigu, et soudain, retournant sur eux-mêmes, comme le ferait un corps d'armée discipliné, tous les animaux détalent avec la rapidité de l'éclair, le mâle restant toujours à l'arrière-garde, prêt à se livrer aux atteintes du chasseur ou d'un ennemi quelconque, ce qui lui arrive très-souvent.

J'ai entendu raconter au colonel Karney qu'un jour, pendant son voyage à travers les prairies, ayant poursuivi une harde composée de sept bouquetins, il parvint à la rejoindre, à contre-vent, sur une hauteur qui surplombait une chute d'eau dont le fracas devait amortir le bruit de sa marche. Le mâle du troupeau faisait sentinelle et se promenait autour du rocher au milieu de six chèvres. Tout à coup le vent vint à chan-

ger et apporta au bouquetin l'odeur humaine, qui tra-
hit la présence du colonel. Aussitôt un sifflement aigü
se fit entendre, et les sept animaux disparurent au
loin comme une vision. Courir au sommet du rocher
qui s'élevait à deux cents pas devant lui, plonger ses
regards dans la campagne environnante, fut pour le
colonel Karney l'affaire d'un instant; mais les animaux avaient déjà franchi l'espace d'un demi-kilomètre, et quand le chasseur essoufflé, n'en pouvant
plus, arriva à l'endroit qui servait de pacage aux bouquetins, il les aperçut au moment où ils disparaissaient
à l'entrée d'une ravine au fond de laquelle n'aboutis-
sait aucun sentier visible. Avaient-ils franchi en sautant les cinquante mètres qui s'élevaient du fond de
la fissure au sommet du roc? Étaient-ils parvenus
dans les profondeurs de l'abîme par une route connue
d'eux seuls? nul ne pouvait le dire, et les compagnons
du colonel ne surent pas le découvrir. Cette fuite tenait du miracle, tant elle était incompréhensible et
inexplicable.

Un autre jour, le colonel Karney rencontra sur les
bords du Missouri un troupeau de bouquetins que la
chaleur et la sécheresse avaient forcé de venir s'y désaltérer. Une tribu de cent cinquante Indiens les avait
entourés et poussés jusque dans la rivière. Là ces
quadrupèdes, qui redoutent l'eau presque autant que
le feu des carabines, devinrent presque tous victimes
de leur imprudence. « Et, — disait le narrateur, — c'é-
tait un spectacle curieux que de voir soixante-dix-neuf
victimes dont les cornes polies s'alignaient les unes à
côté des autres. »

Les bouquetins tombent souvent dans les piéges que
les Indiens tendent à leur curiosité, en se cachant derrière un arbre et en agitant un morceau de drap rouge
ou un mouchoir blanc. On voit alors l'animal s'avancer
jusqu'à ce qu'il arrive à la portée de la carabine du
chasseur.

Les Peaux-Rouges Shoshones sont les plus habiles,
parmi tous les Indiens de l'Amérique du Nord, à la
chasse du bouquetin. Lorsqu'ils parviennent à entourer une harde, ils la pourchassent devant eux de manière à la conduire au milieu de la plaine. Là seulement, montés sur d'excellents chevaux, ils se divisent
trois par trois, et successivement poursuivent ces animaux effrayés, qui trouvent toujours, à chaque détour
d'un sentier, trois nouveaux ennemis devant lesquels
ils sont forcés de faire volte-face. Poursuivis de toutes
parts, les animaux ne savent bientôt plus quelle direction suivre, et chacun d'eux devient la proie du chasseur, qui les abat à coups de flèches.

Au nombre des passagers du paquebot *l'Argo,* à bord
duquel je me rendais aux Etats-Unis en 1841, se trouvait un Suisse d'Appenzell, dont le visage ouvert, les
bonnes manières et l'affabilité naturelle m'avaient sé-
duit de prime abord. Sa cabine, par un heureux hasard, se trouvait à côté de la mienne, que je partageais
avec un missionnaire se rendant au Canada pour y
prêcher la religion catholique aux Peaux-Rouges des
déserts du nord. Une intimité charmante régna bientôt
entre le Suisse et moi, et nous étions si souvent ensemble, sur le pont, à table, assis l'un à côté de l'autre, que le jésuite, avec une bonne grâce parfaite,

m'offrit de prendre la place de mon nouvel ami et de
lui céder son hamac. L'échange fut fait séance tenante,
et j'aidai moi-même au déménagement.

Nous voilà donc installés, M. Simonds et moi, dans
la même cabine, heureux de nous trouver seuls tous
deux pour causer, rêver et « poétiser » ensemble. Il
est vraiment rare dans la vie de trouver son *alter ego*,
un ami qui pense comme vous, dont les goûts soient
les mêmes, les principes identiques, les rêves aussi
aventureux; eh bien ! cet « oiseau rare » je l'avais
découvert, et sans être parfaits l'un et l'autre, nous
nous convenions en tous points.

La chasse et son entraînement irrésistible servaient
souvent de texte à nos longues causeries du soir sur
le gaillard d'arrière. M. Simonds, dès sa sortie du
collége de Fribourg, était allé rejoindre son père, riche
fermier qui exploitait alors une immense étendue de
terrains entre Glaris et Schwitz, à quelques milles des
Alpes, près du mont Saint-Gothard. La vie de pasteur
et de chasseur, quelque rude qu'elle soit, avait été de
prime abord sympathique à mon jeune Suisse : il avait
accepté avec joie les devoirs de la profession qu'il
embrassait sans l'avoir choisie, par cette même raison qu'elle s'adaptait à ses goûts et à son naturel. Le
gibier abondait sur tout le territoire cultivé par la famille Simonds, et le fils aîné du fermier était bientôt
devenu le plus habile tireur du pays. La chasse aux
chamois, fort nombreux il y a vingt ans dans la partie
des Alpes qui avoisine le mont Saint-Gothard, était
celle que préférait le jeune Simonds, dont le nom était
célèbre parmi tous les habiles tireurs du canton

Il n'entre pas dans le cadre de cet article de raconter les causes qui amenaient en 1841 M. Simonds aux Etats-Unis ; il me suffira, pour l'intelligence du récit qui va suivre, de dire que mon ami, après avoir perdu tous les membres de sa famille, émigrait en Amérique, emmenant avec lui plusieurs bergers de son pays et allant fonder avec eux une colonie sur les limites des prairies du Far-West.

A New-York, nous nous séparâmes, bien à regret, M. Simonds et moi ; lui allait droit au but, vers l'inconnu ; moi, je restais au milieu d'inconnus dans un monde à moitié civilisé. Nous nous promîmes de nous écrire, j'engageai même ma parole d'aller un jour ou l'autre rendre une visite au *trapper* européen, quelque fut le lieu où il aurait établi son *log cabin*, et chacun de nous tint rigoureusement sa promesse.

C'était en 1845 : M. Simonds, établi sur les penchants ouest des monts Masserne, à l'angle nord de l'État de l'Arkansas, sollicitait depuis trois ans « le plaisir » de ma visite dans sa plantation agreste, qu'il avait baptisée d'un nom cher à ses souvenirs : *Appenzell-Bottom* (la vallée d'Appenzell). Les vacances étaient arrivées, je me décidai un matin à m'installer dans un chemin de fer, et me voilà en route pour la Suisse américaine. Dix jours après mon départ de New-York, j'étais arrivé à Fayetteville, et le lendemain, au coucher du soleil, mon guide m'amenait sur les bords d'un petit lac entouré de magnifiques peupliers couverts d'oiseaux aquatiques de toute sorte et presque apprivoisés, à l'extrémité duquel s'élevait un châlet suisse très-habilement construit. Çà et là, de petites cabanes,

destinées aux usages domestiques de la ferme, ajou-
taient au pittoresque de ce paysage. C'était la demeure
de mon ami Simonds.

Quelle joie nous eûmes à nous revoir! Comme les
heures qui suivirent cette réunion s'écoulèrent rapides
et trop courtes! Je laisse à penser à mes confrères en
saint Hubert toutes les questions adressées par moi à
ce hardi pionnier qui n'avait pas reculé devant un exil
au milieu d'un désert, et qui vivait là, seul, en garçon,
avec une vingtaine de nègres pour les travaux de la
ferme et sept bergers de son pays, tous *bachelors*
comme leur maître, dont les seules occupations étaient
de veiller à la garde d'un nombreux troupeau, qui
prospérait d'une manière surprenante sur les pâturages
d'Appenzell-Bottom.

Naturellement notre conversation roula sur la
chasse, et, entre autres sports dont mon hôte me promit la jouissance, il mentionna une battue aux bouquetins sur les pics Masserne. J'avais entendu parler
en Europe de la chasse aux chamois et aux isards sans
l'avoir jamais faite : aussi cette proposition me rem-
plit-elle d'une grande joie.

A quelques jours de là, tous nos préparatifs étant
faits, il fut décidé que nous irions rejoindre les bergers de M. Simonds, et nous partîmes tous deux, un
dimanche soir, M. Simonds et moi, afin d'aller demander un gîte à un voisin, dont la métairie était située à
cinq milles d'Appenzell-Bottom. Le compatriote et
l'ami de M. Simonds était un vieillard septuagénaire,
entouré d'une famille nombreuse, dont l'hospitalité fut
« suisse » dans toute l'expression du mot.

Dans ces lieux relégués au centre des prairies du Nouveau Monde, où l'influence délétère des populations européennes n'a point encore pénétré, où les mœurs sont à la fois pures et patriarcales, les usages religieux du vieux continent sont observés avec une scrupuleuse fidélité. Aussi, après le repas du soir, l'aïeul prit-il une bible de Luther, pour lire à haute voix un chapitre dans le livre ouvert au hasard. Les femmes, quittant leurs travaux, s'étaient assises autour de leur père, toutes d'un côté, les hommes en avaient fait autant, et nous les avions imités, Simonds et moi, quoique appartenant à une religion différente.

Le lendemain matin, bien avant l'aube, armés de nos fusils, chargés de nos gibecières, nous avions couplé nos chiens pour nous remettre en route. Le sentier que nous gravissions avec peine était tortueux et peu frayé. Une nuit profonde s'étendait dans ces gorges aux abîmes dangereux : tout autour de nous se dressaient des roches sombres et ardues, éclairées par les pâles rayons d'une lune à moitié voilée par les nuages. On aurait pris volontiers ces blocs de pierre, eu égard à leur forme capricieuse et imposante, pour les géants préposés à la garde des montagnes.

Devant nous, au bruit de nos pas, fuyaient des oiseaux nocturnes, qui, voltigeant sur nos têtes, disparaissaient bientôt dans l'obscurité. A mesure que nous nous élevions, le jour semblait s'élever avec nous : les étoiles disparaissaient absorbées dans l'azur éthéré ; la lune, blanche et pâle comme un fantôme qui s'évanouit, semblait fuir derrière les pointes élevées de la chaîne des Masserne.

Nos chiens, libres et abandonnés à eux-mêmes, fai
saient souvent voler hors de portée des grouses, abri
tées sous quelque roche ou dans les branches du
whortle-berries (les airelles) qui tapissaient les pa
rois abritées contre le vent. Enfin, le soir, après un
marche fort pénible, nous arrivâmes aux bergeries de
mon ami Simonds, situées sur une des « tables »
— vastes plaines au sommet des montagnes — de
montagnes Masserne.

Chaque année, au mois de juin, les bergers d'Ap
penzell-Bottom conduisaient leurs troupeaux pour les
faire pacager sur cet immense plateau. Au sommet
d'une éminence préservée des coups de vent par une
roche granitique, ils avaient construit des huttes à
moitié creusées dans la pierre et recouvertes de toile
en terre, dont l'existence ne pouvait être soupçonnée
que par ceux même qui les avaient bâties. Ces cabanes
étaient dispersées de manière à entourer le troupeau
et à le défendre en cas d'attaque contre les coyotes
très-nombreux dans ces parages. Un fagot d'épines de
whortle-berries en fermait l'entrée basse et étroite.

Ce qui me fit découvrir ces huttes, ce fut l'épaisse
fumée qui s'échappait de l'une d'elles. En nous appro
chant du seuil, nous fûmes reçus par un des bergers
qui nous attendait depuis la veille, prévenu de notre
arrivée par un des nègres que M. Simonds avait en
voyés en avant avec des vivres et des munitions. Le
pâtre de Masserne était un homme dans toute la force
de l'âge ; il paraissait avoir une quarantaine d'années ;
son visage hâlé, ses cheveux longs et frisés, retombant sur le cou, lui donnaient un air presque farouche,

ins compter que ses vêtements faits de fourrure, et enveloppant de la tête aux pieds, l'auraient fait rendre pour un ours de la plus belle venue. Il avait été laissé dans les huttes pour préparer la nourriture le ses compagnons, et nous étions à peine assis sur le evant de la porte de la résidence principale de ces montagnards, lorsque les autres bergers débouchèrent par un des « cols » de la « table », escortant et poussant revant eux un troupeau de dix mille moutons, chèvres, alpagas, vaches et taureaux. C'était vraiment un spectacle remarquable que celui de tous ces animaux domestiques, s'acheminant à pas lents, faisant sonner leurs sonnettes, maintenus dans un ordre parfait par une douzaine de chiens énormes, aux queues panachées, au pelage noir comme du jais. En peu de temps, le troupeau fut parqué pour la nuit, et alors chaque berger songea à son souper. C'était le moment du « rapport », et il se fit pendant que chacun d'eux mangeait une bonne soupe d'oignons et de viande bouillie, que le maître arrosa d'une rasade de brandy.

Un troupeau de dix-neuf bouquetins avait été « revu » à cinq milles de la bergerie, paissant tranquillement sur une « table » escarpée, bordée d'un côté par un ravin, au fond duquel coulait un torrent, alimenté par des sources et les neiges de la chaîne Masserne. Depuis cinq jours ils n'avaient pas quitté ce pacage, et le matin même, avant midi, un des bergers les avait aperçus, paisiblement couchés dans l'herbe, protégés par une sentinelle qui veillait sur le sommet du roc.

On décida à l'instant même qu'on partirait avant le jour pour se rendre directement au Pic-du-Diable (De-

vil's peak), car c'est ainsi que les bergers avaiœ
appelé le plateau sur lequel nous devions le lendem
tenter la chasse aux bouquetins.

Le soleil se leva radieux, la journée était magn
fique, et quand les premiers rayons dardèrent au so
met des pics neigeux des Masserne, nous étions to
postés, M. Simonds, un des bergers, le nègre de m
hôte et moi, aux différents passages de la « table ». 2
pâtre qui devait conduire la chasse m'avait placé pro
d'une crevasse large d'environ huit mètres, de laque
mes yeux, de peur de vertige, se refusaient à mes
rer la profondeur. Après m'avoir recommandé d'o
server le plus profond silence, et de garder une immo
bilité parfaite, tout en me tenant prêt à tirer, il m
quitta pour aller rabattre le gibier.

Une demi-heure se passa dans cette attente. Je m'é
tais muni d'une lunette d'approche, et je regardais e
vain, pour tuer le temps, sur les rebords, au somm
des précipices. Enfin, j'aperçus bondir un bouquetin
près d'un quart de lieue, et ce premier animal fut bien
tôt suivi de cinq ou six autres, qui s'arrêtèrent l'oreil
au guet, l'œil grand ouvert, le nez au vent, piétinan
de temps à autre et prêts à s'élancer. Le moment éta
solennel : ma joie ne se contenait plus.

Par un phénomène très-ordinaire dans les chaînes
des Masserne, un brouillard assez épais nous enve
loppa tout d'un coup ; la chaleur était accablante, tou
présageait un orage qui ne tarda pas à éclater. Le ton
nerre gronda sourdement sur nos têtes, à nos côtés
sous nos pieds : j'étais abrité sous un cèdre aux bran
ches touffues, persuadé que la foudre n'atteindrait pas

un arbre résineux. Hélas ! je l'échappai belle ! le feu du ciel tomba à trente pas de moi et fendit une roche énorme. L'obscurité profonde qui régnait autour de moi, les volées de corneilles qui tourbillonnaient sans savoir où trouver un abri, tout semblait se liguer pour rendre la scène que je cherche à décrire horrible et sublime à la fois.

Bientôt de larges gouttes commencèrent à tomber, les ravins se changèrent en d'innombrables torrents, en cascades mugissantes, entraînant tout ce qui se trouvait sur leur passage. On eut dit que le cèdre qui me protégeait contre le déchaînement de la têmpête, fouetté par la pluie et agité par le vent, poussait des cris plaintifs. L'eau ruisselait de toutes parts à travers ses branches feuillues.

Peu à peu cependant un vent du nord se leva, qui chassa les nuages ; le soleil reparut et la nature rentra dans son calme primitif. J'aperçus bientôt le berger au sommet d'un des mamelons qui surplombaient la table, et quelques secondes après cinq coups de fusil furent répercutés par tous les échos des montagnes. Le berger, pareil à une statue, se tenait debout sur une roche : je le vis me faire signe de la main, mon cœur battait à tout rompre, mes yeux s'ouvraient larges et immobiles. Je tenais mon fusil à deux coups prêt à faire feu. Enfin, cinq bouquetins bondissent à vingt pas de moi ; j'en choisis un, je vise : mon fusil ne part pas. Je tire alors la détente du second coup, et l'animal tombe foudroyé à quelques lignes de l'abîme, au-dessus duquel les quatre autres s'élancent et disparaissent le long d'un sentier taillé dans le roc, sur l'autre bord.

J'aurais dû me trouver très-satisfait du coup heureux qui me mettait aussi à même de me glorifier de la mort d'un bouquetin : eh bien, je le confesse, je regrettais ma mauvaise chance, je maudissais l'humidité qui avait pénétré sous ma capsule et avait annihilé le pouvoir de la poudre fulminante. Au lieu d'un bouquetin, j'aurais voulu en avoir deux.

Je hélai les autres chasseurs, qui arrivèrent bientôt près de moi. M. Simonds avait fait coup double, son nègre avait aussi tué un bouquetin, mais l'animal, frappé au défaut de l'épaule, avait bondi de rochers en rochers, et était allé se perdre dans les eaux d'un torrent. Le berger avait vu trois bêtes de la harde, mais il n'avait pas pu les tirer à portée.

Bref, nous revînmes aux huttes de la bergerie avec trois énormes quadrupèdes, dont les cornes brillaient au feu du soleil couchant, comme si elles eussent été déjà polies par les mains de Verdier.

XIX

Le Bison.

Lorsqu'il a quitté le fort Leavenworth, sur l'extrême frontière de l'État de l'Illinois, à l'entrée du Missouri, et traversé, vers le nord, la rivière Arkansas, le voyageur se trouve bientôt en présence de ces grandes savanes verdoyantes, Sahara plein de fraîcheur, dont les descriptions ne sauraient donner qu'une idée très-incomplète. Les prairies, comme on les appelle aux États-Unis, ne sont point des plaines immenses, unies et vêtues de trèfles, de sainfoin et de luzerne : ce sont des champs onduleux, sillonnés par de nombreux ruisseaux, sur les bords desquels croissent des cotonniers rabougris, le *buffalo-grass*, herbe qui sert de nourriture aux ruminants de ces déserts, plante à la tige allongée, frisée comme une laitue, et d'autres végétaux dont les fleurs bleues, jaunes, rouges et blanches, émaillent ce gazon inculte et le font ressembler à un magnifique tapis d'Aubusson. Ces océans

18

de verdure, qui atteignent quelquefois quatre à cinq
pieds de hauteur, roulent sous l'effort du vent comme
les vagues de la mer.

Rien n'est plus varié, rien n'est plus admirable que
la flore de ces steppes fleuris. Le naturaliste y rencontre, serrés les uns contre les autres, des plantins,
des euphorbes, des lis de toute nuances, les uns à pé-
tales blancs tigrés de noir et de rose, les autres aux
lèvres rouge-cramoisi, au calice ponceau. Là ce sont
des fleurs nuancées de couleurs éclatantes; là des roseaux surmontés d'aigrettes jaunâtres. Sur ces fleurs
sans nombre voltigent des papillons aux ailes diaprées,
butinent des abeilles qui vont au loin porter leur miel
parfumé.

Cependant, quelque imposant que soit l'aspect des
prairies, on ne peut s'empêcher de se sentir le cœur
serré en plongeant ses regards dans leur horizon sans
limite : pas un arbre, pas une montagne qui brise cette
ligne continue; le ciel lui-même affecte une teinte grise
et monotone, ou bien il se charge de gros nuages qui
éclatent en orages cinq fois par semaine, balayant sur
leur passage tout ce qui ose résister à leur violence. .
Le vent y rugit comme le fait le mistral dans la belle
Provence, et pendant l'hiver une neige fine et glaciale
remplace la pluie et couvre le sol d'un linceul sans
tache.

Sur ces terres, verdoyantes pendant les trois belles
saisons de l'année, le bison, l'élan, les chevaux sauvages errent en liberté. Là se rendent les tribus des
Peaux-Rouges, qui divisent entre elles la chasse de ce
vaste territoire. Là se rencontrent les Osages, les De-

lawares, les Creeks, les Cherokees et quelques autres tribus dont les mœurs se sont adoucies au contact de la civilisation. Là aussi se trouvent en présence les Pawnees, les Comanches et autres tribus belliqueuses et encore indépendantes, nomades des prairies et des Montagnes Rocheuses.

Le pays que je décris n'appartient en fait à aucune de ces tribus ; mais, par un arrangement tacite entre elles, elles se sont attribué l'usufruit de ces territoires et partagé la chasse. Toutefois, ce partage n'est pas tellement convenu et respecté, qu'il ne faille quelquefois en venir aux mains pour garder ou reprendre son canton. Les chasseurs y descendent en nombre ; ils campent armés en guerre, prêts à repousser l'attaque si elle a lieu ; et souvent, dans mes excursions à travers les prairies, j'ai rencontré des crânes, des squelettes desséchés au fond de ravins obscurs, comme pour marquer le théâtre d'un combat et m'avertir du danger que l'on court en visitant le désert américain.

Un matin du mois d'octobre 1843, nous nous trouvions au nombre de huit sur les hauteurs des montagnes qui s'élèvent à l'ouest du Mississipi, à deux cents milles des grandes chutes d'eau de Saint-Antoine. Cinq d'entre nous étaient montés sur des chevaux, et les trois autres, Canadiens d'origine, enjoués et infatigables à la marche, formaient l'arrière-garde, conduisant deux chariots sur lesquels étaient rangés les ustensiles et provisions de toutes sortes dont l'homme civilisé a besoin, lorsqu'il entreprend un voyage lointain. Trois chevaux de selle marchaient aussi à la suite de ce convoi, et sous les essieux des véhicules, attachés à

une chaîne, on voyait s'avancer deux chiens-loups de
race écossaise, dont la taille élancée et la tête bien
formée prouvaient à l'œil de tout chasseur que, chez
ces animaux, la force et l'instinct étaient secondés par
la plus grande vélocité. Nous avions, en outre, deux
chiens d'arrêt, Black et Nick, excellent pointers, qui
suivaient notre caravane sans être tenus en laisse.

Tous nous étions armés : les uns, de cette carabine
rayée, courte et pesante, d'une précision sans pareille
dans la main d'un Kentuckien, et les autres, de fusils
à deux coups. Quant aux Canadiens, ils se contentaient de simples canardières françaises à silex, semblables à celles que l'on trouve encore dans les vieilles
fermes du midi de la France. Chacun de nous portait,
en outre, le couteau de chasse américain (*bowie knife*),
et au lieu de nos habits européens, nous avions tous
endossé le costume des Indiens, qui consiste en un
pantalon collant, fait de peau de cerf tannée, en une
blouse de la même matière et en mocassins à double
semelle.

De grands chapeaux de feutre complétaient cet ac-
coutrement carnavalesque, sous lequel personne n'aurait pu reconnaître MM. Daniel Simonton, de New-
York; George Sears, de Boston; Horace Mead, de
Philadelphie; Fortuné Delmot, de Paris, et l'auteur
de ce livre. Quant aux Canadiens, ils se nommaient tout
simplement Duquesne, Bonnet et Gemmel.

Partis de Saint-Louis dans l'intention de chasser au
milieu des Indiens Sioux et Foxes, nous comptions
passer deux mois sous la tente, et ne revenir dans les

lieux civilisés qu'après avoir fait ample provision de trophées et de souvenirs.

M. Daniel Simonton, le chef de notre troupe, et moi, nous nous trouvions en tête de la caravane, devisant de chasse, de gibier, de toutes choses, et nous laissant aller au bercement monotone de nos deux chevaux, sur le cou desquels nous avions jeté les rênes.

— Ainsi, me dit mon interlocuteur, vous n'avez jamais vu de bison, mon cher ami, ni en vie, ni empaillé? Je vous promets qu'avant demain vous aurez ce plaisir. Voici la quatrième fois que je suis cette route, et je reconnais à l'horizon un des endroits fréquentés par ces animaux ; vous verrez si je me trompe. Je me rappelle qu'il y a deux ans, lors de ma dernière chasse, parvenu au centre de cette vallée que vous voyez là-bas, qui présente une sorte de cercle irrégulier dont on découvre les contours de toutes parts, j'entendis tout à coup dans le lointain un bruit semblable à celui du tonnerre. Pendant quelques instants, je cherchai qu'elle pouvait être la cause de ce fracas insolite ; mais avant qu'il m'eût été possible d'interroger les Indiens qui m'accompagnaient, cette cause devint sensible, et ce ne fut pas, sans une grande émotion, que je vis arriver au galop, par toutes les ouvertures qui aboutissaient à la vallée, une troupe de bisons qui, sans exagération, était composée de dix mille têtes. Prompts comme la pensée, les huit Sioux mes guides commencèrent le feu, et ne pouvant rester spectateur impassible, je m'élançai à leur suite au milieu du combat. La détonation de nos armes à feu, les mugissements des bisons effrayés, formaient une scène qu'on

ne peut décrire, et, s'échappant par toutes les issues,
ces animaux ne laissèrent autour de nous que dix des
leurs, dont trois blessés dangereusement, et les sept
autres morts. Une heure après, on entendait encore au
loin sur le sol, le bruit des pieds de ceux qui fuyaient.
Je n'hésite pas à croire, d'après quelques indices par-
ticuliers, que nous entrerons demain en chasse.

— J'en accepte l'augure, répondis-je à mon aimable
compagnon; car, je l'avoue, je commence à m'impa-
tienter de ne pas avoir encore tiré un seul coup de
fusil sur une grosse bête, depuis notre départ de Saint-
Louis.

C'est en causant de la sorte que nous arrivâmes à
l'endroit appelée par les Indiens *Ehaü Bosiudatah*,
ou « rivière du roi élevé, » devant un campement de
Peaux-Rouges de la tribu des Sioux, dont les wigwams s'élevaient le long du cours d'eau dans une
situation tout à fait pittoresque.

Ce camp offrait aux yeux d'un Européen un aspect
vraiment étrange. Les tentes avec leur toit conique,
faites de peaux de daim tannées et ornées de dessins
bizarres, formaient un demi-cercle au milieu duquel,
séparée des autres, s'élevait une tente plus vaste et
plus embellie que celles qui l'entouraient.

M. Simonton, présenté au chef de la peuplade, lui
montra la passe cabalistique qu'il s'était procurée à
Washington, au bureau de la commission indienne, et
Rahm-o-j-or (c'est ainsi que s'appelait le chef) donna
des ordres pour que nous fussions traités en amis et
en frères.

Fidèle aux traditions de ses pères et aux usages de

sa nation, le chef remplit d'un tabac odoriférant sa pipe, faite de pierre rouge, et ayant solennellement aspiré quelques bouffées, il la fit passer à M. Simonton, lui donnant à entendre que c'était là, pour lui, un des plus grands serments possibles, et dont rien ne pouvait le dégager : celui de protéger ses nouveaux hôtes, à qui, tour à tour, il fit l'honneur de donner aussi son calumet à fumer.

La tribu de Sioux au milieu de laquelle nous nous trouvions s'appelait Whapalootas, et comptait quatre cents guerriers et cinq cents personnes du sexe féminin. Leur langage était le *narcotah*, dialecte primitif qui, par la plupart des savants, est comparé au tartare mantchoux.

A vrai dire, une légende que l'on m'a racontée à la veillée, pendant mon séjour au milieu des Peaux-Rouges, attribue l'origine de la race sioux à une horde de Tartares qui avait émigré par le détroit qui sépare l'Asie de l'Amérique.

Les hommes étaient en général forts et bien bâtis; j'admirai leur visage régulier, leurs yeux noirs comme un charbon; et chacun d'eux possédait un cheval de petite race, semblable à ceux que l'on a vus, il y a quelques années, au Champ-de-Mars, montés par des Arabes qui y représentaient les « fantasias » de leurs déserts.

Quant aux femmes, mignonnes et gentilles lorsqu'elles n'avaient pas dépassé quatorze ans, elles étaient laides et déformées même avant l'âge où en Europe nous considérons une jeune fille comme bonne à être mariée. Tous, hommes et femmes, étaient cou-

verts d'une sorte de vêtement fait de peaux tannées et
ornées de dessins tatoués par des procédés particu-
liers, en couleur rouge, bleue et noire ; blouse courte,
descendant à la naissance de la cuisse, pantalon à
franges cisaillées dans l'étoffe, mocassins aux pieds,
coiffure composée d'une myriade de plumes de toutes
sortes, au milieu desquelles pointait le fouet de l'aile
d'un aigle. Les tentes sous lesquelles ces Indiens se
dérobaient aux atteintes du soleil et à l'humidité de la
pluie étaient, comme leurs vêtements, fabriquées à
l'aide de peaux tannées, ornées de barbes de porc-épic
et soutenues par des perches de bois qui, quoique
tenues et déliées, étaient cependant plantées de manière à résister au vent le plus impétueux.

Tel était l'aspect du camp au milieu duquel le hasard
nous avait conduits, mes camarades et moi. On se
hâta de décharger les charettes, de placer à l'abri les
ustensiles de ménage, tels que marmites et casseroles,
indispensables à tout trappeur qui, par cela même
qu'il vit au milieu d'une abondance incommensurable,
devient de plus en plus délicat et difficile à satisfaire.

Le soir, grâce aux soins de nos Canadiens, notre
campement était en bon ordre ; nous soupions d'une
manière très-confortable, partageant avec les Indiens
un rôti de cerf dont le goût était exquis ; nous reprenions nos forces, et bientôt nous succombions au sommeil.

Nos arrangements avaient été faits pendant la soirée
avec Rahm-o-j-or, à l'aide de Duquesne, l'un de nos
Canadiens, qui, grâce à un long séjour parmi les

Peaux-Rouges, connaissait assez de mots de leur langage pour nous servir d'interprète. Nous devions, moyennant une redevance de six dollars par mois, payés par chacun de nous, être guidés, protégés et abrités par les Sioux, et reconduits ensuite jusqu'aux limites du Missouri.

Dès le lendemain matin, toute la tribu fut sur pied : il avait été décidé que l'on irait camper à vingt-cinq milles de là, le long des bords de la Ayoua. Les chevaux de tous les Indiens furent chargés du bagage, et les femmes même, ces pauvres ilotes de la vie sauvage, faisaient l'office de bête des somme, portant des fardeaux que nos portefaix auraient eu la plus grande peine à soulever. En général, celles qui marchaient libres, sans avoir les épaules courbées sous un poids quelconque, étaient les plus choyées de la tribu ; belles malgré le ton rouge dont leur peau était colorée ; gracieuses de formes, en dépit du costume disgracieux qui les couvrait : le seul soin qui leur fût confié était de guider les montures par la bride.

Nous nous mîmes aussi en route, servant d'éclaireurs à la caravane, qui s'étendait sur une distance de deux milles. Les vieilles femmes criaient, les enfants pleuraient, les chiens sans nombre aboyaient ; en un mot, jamais tohu-bohu n'avait frappé mes yeux et mes oreilles. Il est d'usage, pendant ces étapes, de s'arrêter dès que l'on a parcouru deux lieues, de décharger les chevaux et de les laisser paître en liberté pendant une demi-heure.

Après la seconde halte, les chasseurs de la tribu, c'est-à-dire les plus jeunes et les plus dispos, se sépa-

rent du gros de la troupe et se dispersent sur la surface des prairies, cherchant les passes du gibier avec
autant de sagacité que le ferait un chien dressé par le
plus habile chasseur européen. Les Peaux-Rouges ne
connaissent point notre chasse paisible, et au lieu de
suivre comme nous le gibier à la piste, sans faire de
bruit, en observant le plus grand silence, ils se précipitent tête première au milieu des fourrés impénétrables. Aussi, dès qu'ils ont levé un cerf ou un antilope, en admettant qu'il échappe à la carabine de celui
qui l'a d'abord aperçu, il ne peut aller loin, car il rencontre à quelques pas un autre Indien qui sera plus
adroit que son camarade.

Quand la neige couvre le sol, les chasseurs sioux
procèdent tout autrement. L'un d'eux suit les traces
d'un cerf jusqu'à ce qu'il arrive près de l'enceinte où
il s'est refugié ; il en fait le tour, afin de s'assurer que
la bête est bien là ; puis, il pénètre au milieu du fourré
en décrivant un cercle, qu'il circonscrit peu à peu jusqu'à ce qu'il tombe sur la gîtée de la noble bête, et il a
surtout grand soin de ne pas regarder en face l'animal, sur le *qui vive*. Mais le cerf s'élance, et, plus
prompte que la foudre, la carabine de l'Indien l'a
étendu sur le sol.

Deux de mes compagnons, MM. George Sears et
Delmot, entrèrent ce jour-là en chasse avec moi.
Nous nous mîmes en ligne ; mais bientôt, au détour
d'une touffe de cotonniers, nos chiens aboyèrent sur
une trace, et je m'élançai à leur suite, le long d'un
petit ruisseau qui coulait au milieu des herbes, ou-
bliant d'appeler mes deux amis, et emporté par une

ardeur sans pareille à trois milles au delà. Nick et
Black, dont mon cheval pouvait à peine égaler la
course, firent partir devant eux une antilope magnifique, qui, par malheur, se trouvait à une portée trop
éloignée. Du haut du monticule où j'étais parvenu,
j'apercevais devant moi une ravine béante, s'ouvrant
à angle droit à l'extrémité du ruisseau. C'est là que je
dirigeai le galop de mon cheval, dans l'espoir bien
incertain que l'animal viendrait à ce point du paysage
chercher un passage pour s'élancer dans la vaste savane. Javais à peine eu le temps de mettre mon cheval
à couvert derrière un bouquet de lentisques rabougris,
et de m'étendre sur le sol, caché par les rugosités de
la ravine et par l'herbe qui les couvrait, lorsque les
deux cornes en spirale de l'antilope se détachèrent à mes
yeux sur l'azur du ciel, et bientôt j'aperçus distinctement l'animal ayant les deux chiens à ses trousses,
bondissant et s'avançant rapidement de mon côté.

« Il est mort ! » pensai-je en moi-même, vendant la
peau de..... l'antilope avant de l'avoir mis à terre.

Et l'animal courait si vite qu'il n'était plus qu'à
deux cents pas de moi, lorsque j'aperçus simultanément trois nuages de fumée s'élever à ses côtés, et la
vibration de l'air répercuta la détonation de trois coups
de fusil ; aucun d'eux n'avait touché la noble bête, qui,
d'une manière dédaigneuse, continuait sa course dans
ma direction.

Mon cœur battait d'émotion et de désir ; l'œil tendu
sur la mire de mon fusil, je tenais l'antilope en joue,
prêt à lâcher la détente, lorsque, à vingt pas de ma
cachette, une quatrième détonation d'arme à feu reten-

tit, et je vis ma proie convoitée, celle que je considérais déjà comme m'appartenant, rouler sans mouvement sur l'herbe ensanglantée. Un Indien, sortant au même instant d'un massif de cotonniers, jetait aux échos un *whoop* aigu, signal de sa victoire. J'avoue que j'étais si furieux que j'eus pendant une seconde la fatale pensée de loger une balle dans la tête du Sioux; mais, sans m'arrêter à cette folie sans nom, j'appelai mes chiens, jurant que dorénavant je me séparerais toujours des autres chasseurs, ne voulant plus m'exposer à me voir ainsi déposséder, à mon nez et à ma barbe, d'un butin qui aurait dû m'appartenir.

Lorsqu'on chasse en compagnie dans les prairies américaines, il existe un usage qui a son bon côté, surtout pour ceux qui ont un grand appétit. Au trappeur qui est assez heureux pour tuer la grosse bête appartiennent sa nappe et ses andouillers, et, entre ceux qui n'ont point été heureux, la chair est divisée par portions égales. Cette règle n'a jamais d'exception, et elle est fort juste ; car avec l'esprit d'égoïsme qui anime les Indiens, si quelques-uns parvenaient à manger tout leur soûl, le plus grand nombre pourrait mourir de faim. Dès qu'un cerf, un bison ou un antilope, est à terre, celui qui l'a tué se couche nonchalamment, allume sa pipe et attend avec patience que ses camarades aient fait la curée et lui aient choisi sa portion, qu'il accepte toujours sans mot dire.

Je rentrai au camp fort désappointé, et la seule chose qui atténua quelque peu ma vexation fut de voir que mes compagnons, MM. Sears et Delmont, n'avaient pas été plus fortunés que moi.

Le soir, comme on le·pense bien, les Indiens se rassemblèrent en grand nombre autour du feu que nous avions allumé : chacun racontait les aventures de la journée, et le grand diable qui m'avait joué le mauvais tour que je viens de raconter n'avait pas cru devoir manquer l'occasion de sé faire valoir auprès de ses compatriotes. Il se crut même autorisé à les faire rire à mes dépens ; mais, à travers mes lunettes, je le regardai d'une manière si furibonde qu'il s'arrêta et changea le texte de ses plaisanteries, me donnant la satisfaisante revanche d'avoir, moi « visage-pâle », fait *rougir*... de sa conduite un trappeur sioux.

Le lendemain matin, après une nuit paisible dont le calme ne fut interrompu que par les hurlements des chiens du camp, qui d'un commun accord nous régalèrent de la plus affreuse musique par laquelle un homme harassé de fa'igue puisse jamais être tenu éveillé, tout la tribu se remit en route, tandis que nous continuions à chasser, comme nous l'avions fait la veille, sur les ailes de la caravanne.

Ce jour-là, nous tuâmes un grand nombre de *prairie-hens*, sorte de fa·san qui foisonnait dans les hautes herbes, et qui se levait devant nos chiens avec autant de nonchalance qu'une poule dans une basse-cour.

Le soir, lorsque nous revînmes au camp, nous trouvâmes nos alliés abrités le long d'un bois de cotonniers et de chênes nains, à travers lesquels un ruisseau se creusait un passage.

Au milieu de la nuit, le terrible cri : *Au feu* se fit entendre. Nous fûmes tous réveillés en sursaut par les hurlements horribles des Indiens, qui, dans la plus grande confusion, se hâtaient de fuir vers le nord, dans la direction d'une haute montagne dont les pentes s'élevaient au milieu d'un lac. En effet, à trois milles derrière nous, la prairie avait pris feu, et les flammes s'avançaient avec la rapidité d'un cheval au grand galop, poussées par un vent qui menaçait de se changer en tempête. Rien ne peut être comparé à la sublime horreur de ce spectacle ! Qu'on se figure un linceul de feu, une traînée de poudre s'élançant avec un crépitement infernal, des formes fantastiques, des animaux de toute sortes qui fuient au galop pour échapper à la mort.

Lorsque nous arrivâmes sur les sables qui bordaient le lac, et près desquels rien de combustible ne croissait, l'incendie nous gagnait, et ce ne fut pas sans rendre grâce à la Providence, que nous parvînmes de l'autre côté des eaux protectrices qui délivraient ainsi tout une tribu de la mort la plus terrible que Dieu ait jamais inventée dans sa colère. Être dévoré vif par le feu ! Quel horrible supplice !

Peu à peu, à mesure que les flammes ne trouvaient plus rien à dévorer, les lueurs s'éteignirent. Nous pûmes alors nous compter ; aucun de nous n'était resté en arrière.

Lorsque le jour vint éclairer le paysage qui nous entourait, l'horreur de la mort à laquelle nous venions d'échapper s'offrit à nos yeux dans son effrayante réalité. Aussi loin que la vue pouvait s'égarer sur la route que nous avions suivie depuis huit jours, mes camarades de chasse et moi, on apercevait un sol cal-

ciné, noir comme un charbon, et par-ci par-là, au-
otour d'un tronc d'arbre qui avait résisté plus que
l'herbe de la prairie, des flammes s'enroulant en spi-
rales, et des monceaux de cendres encore fumantes.

Le long d'un cours d'eau qui venait se perdre dans
le lac, le feu dévastateur s'était arrêté, et le chef de
la tribu nous fit comprendre que cela était fort heureux pour nos projets, car de l'autre côté du ruisseau
se trouvait le pays où nous allions entrer en chasse.
Cependant Rahm-o-j-or fut d'avis qu'il était prudent
d'attendre encore un jour sur la montagne où nous
nous trouvions, afin de donner à l'incendie le temps
de s'éteindre tout à fait ! nous dûmes suivre son
conseil.

Sur un sol rocailleux et à peine couvert d'une herbe
courte et dure, les Sioux dressèrent leurs tentes ; et
pendant que Duquesne, Bonnet et Gemmel s'occupaient du détail de notre ménage, MM. Simonton,
Sears et moi, nous résolûmes d'aller visiter les confins
de l'île escarpée où le feu nous avait fait chercher un
asile. Du côté de la prairie, la montagne n'était séparée du rivage que par un chenal très-étroit et peu profond, celui par lequel nous avions passé à gué ; mais,
en s'avançant vers le nord-ouest, le lac étendait ses
eaux à une lieue de distance, et l'on apercevait sur sa
surface, unie comme un miroir, des oiseaux aquatiques en si grand nombre que la lumière en était
quelquefois obscurcie.

Tout en avançant le long de la rive, nous arrivâmes,
mes camarades et moi, en suivant un chemin fort peu
praticable, au pied d'une falaise escarpée, baignée par

les eaux du lac. Spectacle étonnant ! de toutes les an-
fractuosités de ce rocher s'échappaient des nuées de
pingouins et de mouettes dont les poitrines blanches
et les ailes noires étincelaient au soleil. Ces oiseaux
ouvraient leurs becs effilés, et poussaient des cris
semblables à des sanglots.

Des hérons avaient aussi fait élection de domicile
sur cette roche granitique, dans les interstices de laquelle des branches mortes ressemblaient à des bâtons plantés dans le sol. Une couche d'argile et de
mousse les recouvrait, et, sur cet appui glissant, se
tenaient les nobles oiseaux, près d'un nid fait de branches ténues, où les jeunes hérons recevaient du bec
de leurs parents ailés leur nourriture accoutumée.
Nous en comptâmes soixante-douze, pressés les uns
contre les autres, se saluant mutuellement, comme
autant de mandarins chinois, avec une gravité inalté-
rable. Rien n'était plus comique que la solennité et la
lenteur mécanique avec lesquelles s'accomplissait
chaque révérence. Mes amis et moi, cachés derrière un
bloc de roche, nous contemplions ce spectacle avec le
plus grand intérêt. De temps à autre, quelques hérons
accouraient s'abbatre sur les branches d'où ils précipitaient en désordre ceux qui étaient tranquillement
juchés. Des croassements aigus témoignaient de l'indi-
gnation publique soulevée par la conduite des intrus
qui s'emparaient ainsi de la place occupée.

Au milieu de cette troupe d'oiseaux, les mouettes
fendaient l'air autour de nous avec une familiarité vraiment inouïe : elles nous effleuraient de leurs ailes et
s'arrêtaient à quelques pieds de distance, poussant

des gémissements doux et plaintifs et nous regardant de l'air le plus étonné du monde.

Tout à coup deux points noirs se montrèrent à l'horizon ; c'étaient deux aigles royaux qui volaient à tire-d'aile dans notre direction. L'instinct de conservation fit découvrir leur venue à toute cette république emplumée : les mères battaient de l'aile, et les pères ouvraient leurs becs pointus, arme terrible quand elle atteint un ennemi.

Ce fut en vain : saisissant un moment favorable, les deux oiseaux de proie s'emparèrent chacun d'un jeune héron, en le broyant dans leurs serres formidables ; puis, s'en s'occuper des clameurs des vieux Nestors de cette troupe ailée, ils s'élancèrent hors de portée et disparurent à nos yeux.

Cette scène s'était passée avec la rapidité de la foudre. Mes amis et moi, nous eussions désiré abattre l'un et l'autre de ces brigands empennés, mais, hélas ! ils étaient hors de portée, et, pour ne point troubler davantage les oiseaux de ce rocher miraculeux, nous crûmes devoir nous abstenir. Bien nous en prit ; car, nous glissant doucement le long du rocher, nous parvenions à une bonne distance des hérons, et, tirant tous les trois à la fois nos six coups de fusil sur eux, nous eûmes le plaisir de voir tomber et de ramasser onze oiseaux énormes, tandis que ceux qui avaient survécu à cette décharge inattendue prenaient leur vol et disparaissaient dans les airs, abandonnant même, — tant leur frayeur était grande, — les nids qui contenaient leurs jeunes nourrissons.

Les mouettes seules semblaient mépriser le danger,

et les pingouins, mêlés au milieu d'elles, voltigeaient sur les ondes, sans trop s'éloigner du rivage.

En continuant notre excursion autour du rocher, nous arrivâmes bientôt en vue du camp dont les tentes, que nous avions laissées debout, deux heures avant, étaient à bas, pliées et prêtes à être emportées; les chevaux hennissaient, les chiens aboyaient, les Peaux-Rouges, hommes et femmes, s'agitaient dans toutes les directions. Cet état de choses nous alarma tellement que nous hâtâmes le pas pour savoir la cause de ce remue ménage.

Dès qu'on nous aperçut, descendant les rochers pelés qui conduisaient sur les rives du chenal dont j'ai déjà parlé, l'on nous fit signe de nous dépêcher, et MM. Mead et Delmot, qui étaient restés au camp, par paresse ou par fatigue, s'élancèrent à notre rencontre, l'œil enflammé, la figure rayonnante, s'écriant :

— Venez donc ! arrivez ! on n'attend plus que vous.

— Qu'est-ce ? criâmes-nous tous trois.

— Les bisons ! voyez là-bas à l'horizon, de l'autre côté du chenal, cette masse noire et compacte qui semble s'avancer comme un nuage rempli d'eau autour duquel gravitent les éclairs et la foudre; ce sont les bisons.

En effet, aussi loin que la vue pouvait s'étendre vers la ligne nord de l'horizon, l'on apercevait ces animaux broutant paisiblement l'herbe frisée de la prairie et tondant parfois du bout de leur langue les grappes verdoyantes des cotonniers.

Pour nous, Européens, qui n'avions jamais aperçu de bœufs qu'à l'état domestique et par petits trou-

peaux de cent ou trois cents têtes au plus, la vue de
tous ces animaux qui devaient, au juger, être cinq ou
six mille, nous faisait éprouver une joie qui tenait de
l'ébahissement. Partir sur-le-champ et aller attaquer
les bisons, tel était notre plus ardent désir ; il ne fallut
rien moins que la parole graye et sentencieuse de
Rahm-o-j-or, traduite par Duquesne, notre interprète-
juré, pour arrêter notre impétuosité.

« Les visages-pâles sont trop prompts à s'emporter,
disait-il ; ils doivent apprendre la patience, qui fait
réussir, et les ruses que leurs frères du grand désert
peuvent leur faire connaître pour atteindre le bison.
Voici ce que j'ai résolu : notre troupe va se mettre en
marche, séparée en deux. Les uns s'avanceront vers
l'ouest, les autres se dirigeront vers le nord, le long
du ruisseau, pour surprendre les quadrupèdes contre
le vent, et les entourer ensuite. C'est là le seul moyen
de réussir dans notre chasse ; et les visages-pâles auront, avant deux heures, le plaisir de se trouver face
à face avec les bisons. »

Rahm-o-j-or avait à peine fini de parler, qu'il s'é-
lança sur le dos de son cheval noir, noble bête dont
l'obéissance était si grande qu'un mot de son cavalier
avait plus d'effet sur son vouloir que le mors et les
éperons.

A voir ce chef guerrier, les épaules à peine couvertes
par une peau de panthère, les jambes enveloppées de
leggings et de mocassins, la tête ombragée par des
cheveux incultes et hérissés, armé seulement d'un
carquois plein de flèches et d'un arc court et flexible,

on l'aurait pris pour Nemrod lui-même, tel que le dépeint la Genèse.

Il nous donna le signal du départ, après avoir recommandé d'observer le plus grand silence, et, nous étant placés au milieu des Sioux qui prenaient part à la chasse, nous avançâmes en bon ordre, à la suite de Rahm-o-j-or, qui nous avait assigné le poste d'honneur à ses côtés. D'un geste il montra à ceux qui devaient marcher vers l'ouest la route sur laquelle ils devaient s'espacer, et soudain, se jetant en avant, il entraîna avec lui tous les chasseurs, animés, à son exemple, d'une ardeur modérée par la connaissance des lieux, la science de la chasse et l'habitude acquise des mœurs des bisons.

Il est bon d'apprendre ici à mes lecteurs que les innombrables troupeaux qui paissent sur les pelouses verdoyantes des prairies américaines sont toujours sur le qui-vive. Les Indiens leur font une chasse si fréquente; les coyotes, sorte de loups-cerviers hardis et redoutables, les attaquent si souvent, que chaque animal devine le danger avec un instinct tout particulier; le nez au vent, les oreilles dressées, les bisons qui se trouvent autour du gros de la harde (et ce sont presque toujours les plus vieux et les plus expérimentés) ressemblent à autant de sentinelles avancées prêtes à donner l'alarme à la moindre apparence d'un ennemi.

Grâce aux sinuosités du terrain, dont Rahm-o-j-or connaissait tous les méandres, nous parvînmes bientôt à deux portées de fusil du bison le plus proche, énorme bête, à la bosse poilue, aux pieds légers et flexibles comme de l'acier, qui, tout en ayant les yeux tournés de notre côté, paraissait ne point se douter encore de notre approche. La nature du terrain sur lequel nos chevaux avançaient était peu sonore, et le vent soufflait si violemment, en nous frappant à la figure, qu'il était impossible à cette vigie à quatre pattes d'entendre notre venue et de sentir l'émanation de l'homme.

Tout à coup un bruit terrible se fit entendre, l'inombrable troupeau s'était ébranlé. Nous étions parvenus presque à portée de ces nobles animaux sans être découverts ; mais les Peaux-Rouges, qui avaient pris le dessus du vent, avaient été vus et flairés de loin, et, par une chance heureuse, « la retraite des six mille » s'opérait de ce côté. Jamais le fameux vers du cygne de Mantoue :

Quadrupedante putrem sonitu qualit ungula campum

n'avait produit sur moi une euphonie si remplie de réalité. Le bruit fait par les bisons qui foulaient le sol au petit trot régulier, comme celui d'une armée en marche, se répercutait dans les airs et vibrait à nos oreilles.

Rahm-o-j-or avait bandé son arc. Dans sa main droite il tenait une flèche acérée à la pointe, faite d'un clou d'acier, et nous, nous avions visité nos fusils et renouvelé nos capsules.

— Attention ! fit le chef à demi-voix ; le moment est arrivé.

Et à peine avait-il prononcé ces mots que toute la masse s'ébranla avec un bruit pareil à l'éclat d'un tonnerre épouvantable.

L'instant était critique ; il fallait se montrer afin de forcer les bisons à retourner sur leurs pas. Nous suivîmes les mouvements du chef sioux, et nous nous élançâmes en avant de manière à nous trouver en vue du troupeau.

O vous tous, mes frères en saint Hubert, que votre saint patron vous favorise, avant de mourir, d'un coup d'œil semblable à celui que j'eus, une fois parvenu sur la cime de la colline le long de laquelle nous nous étions jusqu'alors avancés ! Jamais de ma vie je n'oublierai ce que j'ai vu le 27 octobre 1843 ! Devant moi passait un torrent formé d'animaux énormes, beuglant avec une énergie inconnue et galoppant plus vite qu'un cheval lancé à perdre haleine.

« Mort ! tue ! whoop ! » hurlaient les Sioux dans leur langage expressif ; et cependant seul, parmi cette fraction de sa tribu, Rahm-o-j-or avait forcé son cheval à pénétrer au milieu de ce troupeau. Son œil d'aigle avait découvert le plus énorme animal, et ses bras agiles criblaient les flancs de la bête d'une nuée de flèches décochées avec une rapidité qui tenait du prodige. Lancé à sa suite, j'avais déchargé sur ce bison royal les deux coups de mon fusil ; les balles avaient pénétré dans les chairs, mais il n'était point frappé à mort. Tout d'un coup, la dixième flèche de Rahm-o-j-or, passant à travers la carotide de l'animal, arrêta sa course vagabonde, et il tomba lourdement sur le sol, comme un rocher détaché des flancs d'une montagne, avec un bruit semblable à celui de l'avalanche.

Pendant que Rahm-o-j-or tranchait ainsi, d'un seul coup, la vie du gigantesque bison, ses sujets accomplissaient, au milieu du troupeau effrayé et se ruant dans toutes les directions, une boucherie que rien ne semblait devoir arrêter. La vue du sang qui coulait sur les flancs de tous les animaux semblait redoubler leur ardeur, et l'on entendait de tous côtés une fusillade qui se mêlait au sifflement des myriades de flèches tirées par ceux d'entre les Sioux qui n'avaient point de carabine à leur disposition. S'il eût été possible d'assister avec calme à cet entraînement général et d'en étudier les détails avec soin, rien n'eût offert à un peintre ou à un romancier un sujet plus admirable à décrire ; mais, lancé au milieu de ce tourbillon composé d'hommes et de bêtes, je ne pouvais qu'entrevoir, — aussi rapide qu'un éclair, — un fait passé à quelques pas de moi, applaudir à un coup d'adresse, ou encore brûler ma poudre comme mes autres camarades de chasse. La rage universelle qui nous possédait tous aveuglait nos yeux et nous rendait à moitié fous.

Cette course, qui dura près d'une demi-heure, était à peine finie, que des cris frénétiques s'élevèrent de tous côtés ! « *The cows !* — les vaches ! les vaches ! » hurlèrent les Sioux. Et les chevaux, lancés de nouveau dans une autre direction, tombaient bientôt au milieu d'une autre harde composée de plus de cinq ou six mille bisons qui n'avaient point pris la fuite au bruit de notre première escarmouche.

En effet, dans les hardes de bisons, les vaches sont toujours séparées des bœufs ; ceux-ci forment un corps d'armée à part, tandis que les autres sont la réserve. Pour les atteindre il faut traverser la phalange formée par les bœufs, et c'est là qu'est le péril.

En voici un exemple : l'un des Indiens, désarçonné par
son cheval, qui avait été éventré par un bison blessé
et rendu furieux, était piétiné par l'animal, qui jouait
au bilboquet avec son corps presque inanimé. Il ne fallut rien moins que la décharge simultanée de trois carabines pour mettre un terme à cette double agonie.

La rapidité avec laquelle les Indiens déchargeaient
leurs fusils tenait vraiment du prodige. Leur manière
de charger leur arme n'était pas moins étonnante.
Le premier coup était seulement bourré ; pour les
autres, les Sioux se contentaient de verser la poudre,
puis, ayant dans la bouche trois ou quatre balles, ils
les insinuaient avec les lèvres dans le canon, et le
plomb, en tombant humecté de salive, adhérait suffisamment à la poudre.

Le second *steeple-chase* à la poursuite des vaches
dura environ vingt minutes. On sonna bientôt le rappel au moyen d'une trompe de bois embouchée par un
jeune Sioux qui frappait trois notes distinctes à coups
de langue séparés, et les répétait rapidement après
cette première émission. Ce héraut primitif obéissait
aux ordres de Rahm-o-j-or, et bientôt toute la troupe
se trouva réunie au centre du champ de bataille, où
l'on se mit à compter les morts. Tous les bisons n'é-
taient point tombés à la même place ; leurs cadavres
étaient espacés sur la ligne suivie dans sa fuite par le
troupeau qui disparaissait avec rapidité dans les profondeurs de l'horizon.

Le rapport officiel donné au chef sioux marquait
cent quarante-neuf bisons gisants sur le sol et prêts à
être dépécés. Dans ce nombre, il y avait cent dix-

sept mâles et trente-deux femelles ; ces dernières, comme manger, étaient, en tout point, bien préférables aux premiers, dont la chair est habituellement maigre, coriace et musquée. La chair des vaches est, au contraire, aussi grasse que la plus belle viande de boucherie. et quand les animaux sont dépouillés de leur robe, on trouve sous le couteau une graisse épaisse d'environ deux pouces.

Mes amis, MM Sears, Simonton et Delmot, avaient chacun tué leur bison ; M. Mead et moi seul ne pouvions prétendre qu'à des parts de chasse. Quant à Bonnet, Duquesne et Gemmel, nos Canadiens, ils avaient, à eux trois, tué une vache superbe, qu'ils contemplaient avec délices et qu'ils s'occupaient à dépouiller, lorsque nous arrivâmes auprès d'eux.

La première opération à laquelle se livrèrent les Indiens, après avoir soigneusement *déshabillé* les animaux de leur robe, fut de retirer les instestins et de les mettre à part comme un morceau de choix. Ils procédèrent ensuite au détachement de la bosse, partie charnue et entremêlée d'une graisse dure dont la réputation est sans rivale parmi les gourmets de tout pays ; puis ils coupèrent les filets et quelques autres parties appréciées et bonnes à être desséchées, pour parer à une disette imprévue.

Lorsque tous ces préparatifs furent achevés, on songea sérieusement au repas, ou plutôt à l'orgie qui suit toujours, dans les prairies américaines, toute chasse couronnée de succès. Pendant que les Sioux avaient procédé au dépècement de leurs prises, les femmes, jusqu'alors restées dans le camp, étaient ar-

rivées sur le lieu de nos exploits. Lorsque les bisons
eurent été taillés, elles ramassèrent dans les peaux les
morceaux choisis par les chasseurs, et les portèrent
au camp, précédant les vainqueurs, qui formaient la
marche, montés sur leurs chevaux hennissants, et ré-
pondant ainsi aux *whoops* gutturaux de leurs cavaliers.

Sur un tapis de verdure,
Le couvert fut bientôt mis,

Et, tandis que les Indiennes lavaient les entrailles
des bisons dans les eaux du lac, les hommes creu-
saient la terre, plaçaient dans ces trous un lit de
pierres qu'ils recouvraient de bois et de broussailles
enflammées. Lorsque la braise eut suffisamment chauf-
fé les pierres, ils nettoyèrent cette rôtissoire d'un
nouveau genre, et une fois le trou rendu propre comme
l'est le four d'un boulanger, ils y jetèrent les viandes
qui, placées les unes sur les autres et recouvertes de
cailloux rougis et de terre incandescente, se cuisaient
doucement en conservant leur saveur et leur jus.

En attendant que le rôti fut prêt, les Sioux prélu-
daient aux délices du festin en mangeant le « boudin » :
c'est ainsi qu'on appelle, au désert américain, les
entrailles à moitié nettoyées des bisons fraîchement
tués. Mon attention et celle de mes camarades fut
bientôt attirée par la gloutonnerie de deux Indiens qui
s'étaient accroupis vis-à-vis l'un de l'autre, séparés
seulement par un amas de boyaux quelque peu grillés
sur les charbons et amoncelés sur une pierre : on eût
dit la spirale d'un énorme serpent. Chacun s'était
emparé des deux extrémités de ces entrailles, chaudes
encore, et les avalait sans mâcher, comme fait un

Napolitain d'un plat de macaroni. Rien n'était plus
curieux que de voir ces sauvages se hâtant d'engloutir
cette nourriture nauséabonde, la poussant avec les
doigts dans leur gosier, et s'arrêtant à peine pour
s'engager mutuellement à ne pas aller trop vite. Puis,
lorsqu'ils s'apercevaient que l'un ou l'autre avançait
en besogne, on les voyait, par un mouvement de tête,
arracher le bout du boudin, à moitié mâché, de la
bouche du voisin, et se hâter d'en avaler autant, sans
perdre un seul moment à s'expliquer cette brusquerie,
à la fois risible et dégoûtante. Il est vrai de dire que
tous deux agissaient de même l'un envers l'autre, ce
qui rendait les chances égales. Ce duel aux boyaux
ne fut terminé que lorsque les deux Indiens se trouvèrent nez à nez, les dents serrées sur la dernière
bouchée de cette tripaille. Alors, un double coup de
poing, suivi d'une secousse instantanée, trancha la
difficulté et acheva cet entr'acte bouffon.

Le rôti était cuit à point, et notre maître queux, le
Canadien Duquesne, nous servit une bosse de bison
préparée avec art et succulente au dernier point. Après
avoir dépécé l'enveloppe carbonisée qui recouvrait ce
morceau de roi, nos couteaux et nos fourchettes plon-
gèrent dans une chair entremêlée de gras et de
maigre, ressemblant pour la forme à un énorme riz
de veau d'une viande noire, et pour le goût, à du
chevreuil ou à du lièvre. Rien n'est nauséabond dans
la chair dodue et graisseuse du bison, elle se digère
avec facilité; et, soit que les organes digestifs du
chasseur des prairies tiennent de ceux de l'autruche,
soit que l'air pur et vivifiant des déserts aide à faire

passer aisément toute nourriture, je dois constater
comme un fait certain, que l'on peut avaler avec im-
punité d'énormes morceaux de viande, sans redouter
aucune des suites fâcheuses d'un trop grand appétit.
Quant à la bosse du bison, ce mets exquis inconnu à
Grimod de la Reynière et à Brillat-Savarin, je mets en
fait que si ces gastronomes émérites avaient jamais eu
à leur disposition un bison entier, bien gras, bien
nourri et ressemblant en tout point à celui que Rahm-
o-j-or avait achevé de sa dixième flèche, ils eussent
ajouté à leurs recettes sans pareilles un chapitre de
plus dont le texte eût éclipsé tous ceux qui ont fait
leur gloire dans l'art culinaire.

Le soir, lorsque le repas général fut achevé, quand
« l'eau de feu » (*fire water*), dont la chair des bisons
avait été arrosée, eut échauffé les têtes et chassé
l'apathie inhérente à la nature de l'Indien, un spectacle
nouveau s'offrit à nos yeux étonnés : de toutes parts,
sur la montagne, des feux étaient allumés, et devant
chaque foyer incadescent, hommes et femmes, nus et
graissés comme s'ils s'étaient immergés dans un bain
d'huile, se livraient à des gambades fantastiques,
contorsions inconnues qui nous rappelaient les bam-
boulas des nègres de la Louisiane. Aucun instrument
n'excitait ces énergumènes à la danse; quelques voix
rauques chantonnaient une mélodie saccadée qui servait
de thème à des variations modulées *ad libitum* par
l'un ou l'autre des coryphées. Une guitare résonnait
seule devant notre tente, et quelque mal pincées que
fussent ses cordes, elles n'en produisaient pas moins
à l'oreille des Sioux une harmonie tellement insolite,

que ce chaudron d'Epinal recevait les honneurs de la soirée. Je raconterai les péripéties de cet instrument avant de terminer cet article; mais revenons d'abord à nos bisons.

Je ne crois point qu'il soit utile de décrire à mes lecteurs la forme, la taille et les mœurs de ce genre de la race bovine. Buffon et surtout Audubon ont tracé de main de maître le tableau complet de la vie de ces animaux. Je me bornerai à raconter les traits saillants qui doivent être connus de tout chasseur. Il n'est pas d'être animé qui soit aussi tenace à la vie qu'un bison : à moins d'être frappé juste à travers les poumons, ou d'avoir l'épine dorsale fracassée, il échappe presque toujours à la poursuite du trappeur. Bien souvent même, frappé mortellement au cœur, l'animal possède encore une force vitale assez grande pour aller tomber à une distance immense, et c'est ce qui arrive toujours lorsqu'il voit le chasseur suivre sa piste. Si, au contraire, le chasseur s'arrête et se cache à la vue du gibier, celui-ci cesse de courir, et bientôt se laisse choir pour ne plus se relever. Rien n'est plus horrible à voir que les efforts suprêmes d'un bison qui va mourir : la noble bête paraît comprendre qu'elle ne doit point toucher le sol, car une fois à terre, il n'y aura plus d'espoir pour elle. Un de ces bœufs, atteint aux poumons ou au cœur, rejetant le sang par la bouche et les narines, les yeux déjà aveuglés par les ténèbres de l'agonie, écarte les jambes pour mieux se soutenir : il résiste, jusqu'à son dernier souffle, à cette mort inévitable, qu'il semble pourtant vouloir défier, en faisant retentir les airs de mugissements terribles.

Enfin, il fait un derninr effort pour se tenir droit ; sor
corps roule sur lui-même comme un navire ballotté
par les vagues ; sa tête tourne à droite et à gauche, e
ses yeux cherchent encore le maudit ennemi qui vient
de réduire à l'impuissance une force si robuste et s
vivace. Plus les mouvements de l'animal deviennent
saccadés, plus sa mort approche ; des goutelettes de
sang s'échappent de ses naseaux, il se raidit sur ses
quatre pieds, un tremblement convulsif fait frémir
toute cette masse, et, réunissant toutes ses forces dans
un mugissement sans égal, la bête s'affaisse sur le
côté, raide comme un cadavre de qui la vie s'est depuis
longtemps échappée.

La première fois qu'un novice, quelque bon chasseur qu'il soit, essaye de tuer un bison, malgré son
habileté à tuer un chevreuil ou un daim, il manquera
invariablement son coup. En voyant devant lui une
masse énorme, longue de cinq pieds du haut de la
bosse à la naisance de la queue, il pense qu'il sagit
de planter une balle au milieu de ce corps de géant,
pour atteindre les parties vitales de l'animal. Rien n'est
plus erroné ; car, pour mettre à terre un bison, il faut
le frapper entre les deux omoplates, près de l'épine
dorsale : alors le coup est certain, l'animal aura vécu.

Pendant les deux mois que j'ai passés, avec mes
amis, dans le camp de Rahm-o-j-or et des Sioux, je
n'ai tué, à moi seul, que deux bisons. Le premier
avait reçu le plomb en pleine poitrine : la plaie, qui
traversait le cœur, offrait un trou suffisant pour y
passer l'index, et pourtant l'animal eut assez de force
pour courir à deux kilomètres loin de l'endroit où je

l'avais atteint. Le second reçut deux coups de feu : l'un lui avait cassé la jambe de devant, et l'autre lui traversait les poumons; cependant, malgré cette double blessure, il ne se laissa atteindre qu'après une course désespérée qui dura près d'un quart d'heure. J'ai vu un vieux bison recevoir dix-huit balles à dix pas, s'élancer en avant, quoiqu'il eût le corps criblé comme une écumoire, et ne tomber qu'à un mille au-delà de l'endroit où il avait été atteint par cette dé-charge, succombant seulement à un coup de fusil qui lui fracassait l'os frontal. Si M. Mead, l'un de nos meilleurs rifflemen, n'eût pas été l'auteur de sa mort, le bison eût peut-être servi de pâture à l'un de ces aigles gigantesques qui règnent sur les Etats-Unis.

Il est bon d'ajouter que la tête du bison est couverte d'un poil si naté et si épais, qu'une balle a de la peine à s'y frayer un passage jusqu'à la cervelle, à moins qu'elle ne sorte d'une carabine tirée à deux ou trois mètres de l'animal. Vingt fois j'ai fait cette épreuve, et ma balle rebondissait, aplatie, comme si elle eût frappée la plaque de fonte d'un tir à la cible.

Malgré la destruction immense que les Indiens pionniers et les trappeurs font des hardes innombrables qui animent le paysage monotone des prairies, bien des années s'écouleront encore avant que cette race disparaisse du continent américain, et devienne aussi rare que l'est en Europe celle de l'urus, qui ne se rencontre plus, de nos jours, que dans la grande forêt polonaise de Biealowitz. Malgré les nombreux ennemis qui semblent conjurer leur destruction, les bisons paissent toujours par milliers dans toutes les plaines, et sur tous les monticules du Far-West verdoyant. Il serait pourtant à désirer que le gouvernement américain pût trouver un moyen de prévenir la disparition de ces nobles quadrupèdes, qui sont l'ornement des prairies et renouvellent les provisions des caravanes aventurées dans le pays pour se rendre à Santa-Fé ou en Californie. On pourra se faire une idée de la quantité de bisons tués, quand je raconterai à mes lecteurs que, dans les Etats-Unis et le Canada, il se vend. chaque année, plus de neuf cent mille fourrures de ces quadrupèdes ; encore toutes ces « robes » sont seulement celles des femelles, la peau, du mâle étant trop épaisse et ne pouvant pas être facilement tannée. Les Indiens, dont le commerce des fourrures forme l'unique revenu, gardent en outre, pour leur usage, une certaine quantité de ces peaux qui leur servent à construire leurs tentes, leurs lits, leurs canots, et grand nombre d'ustensiles de la vie domestique. Je dois ajouter encore, pour clore la statistique de cette destruction systématique, que les caravanes qui traversent les prairies semblent se faire un plaisir de jalonner leur route de carcasses de bisons. Enfin, les aigles de toutes dimensions, les buzards et les vautours, ont pour mission de donner aux squelettes de cette race bovine la blancheur qui a fait appeler certaines passes des plaines qui s'étendent à l'ouest des Montagnes-Rocheuses : « les cimetières des buffalos. »

En lisant ce qui précède, plusieurs de mes lecteurs secoueront peut-être la tête en signe d'incrédulité. Je ne crois pas utile de laisser un doute sur la véracité de mon récit, et avant de terminer ce chapitre, je copie ici, comme preuve à l'appui, le paragraphe suivant extrait d'une lettre adressée par le gouverneur Stevens, l'un des plus hardis explorateurs des prairies américaines, à l'un des éditeurs du *Dayly-Picayune* de la Nouvelle-Orléans.

« Du pied des Montagnes-Rocheuses.

» 8 mai 1855.

» Dimanche, après une marche de dix milles, nous
» avons atteint les bisons. Le troupeau s'étendait de-
» vant nous et de chaque côté aussi loin que nos re-
» gards pouvaient se porter. Nos compagnons les plus
» enthousiastes en estimaient le nombre à 500,000,
» et les plus modérés d'entre nous n'en faisaient pas
» descendre le chiffre à moins de 200,000. A midi,
» quand nous avons fait notre halte habituelle, nous
» pouvions en apercevoir une immense quantité qui
» s'étaient rapprochés de notre camp. Aussitôt, nos six
» chasseurs, montant sur des chevaux frais, réservés
» dans ce but, se sont élancés en avant, et la compa-
» gnie entière a pu se donner le spectacle d'une chasse
» aux bisons. Les chasseurs se précipitent de toute la
» vitesse de leurs montures, pénètrent dans les rangs
» les plus épais des sauvages quadrupèdes et dispa-
» raissent bientôt, enveloppés dans un immense tour-
» billon de poussière. Cependant la colonne des bi-
» sons s'ébranle, se rue en avant et pousse de formi-
» dables rugissements; à voir ces têtes pressées les
» unes contre les autres, on dirait d'une mer houleuse.
» Les chasseurs voltigent çà et là, choisissant les
» vaches les plus grasses, les séparent du reste du

» troupeau, puis les dépêchent sans difficulté. Quand
» le combat est terminé, nos wagons s'avancent sur
» le champ où s'est passé le carnage et reviennent
» chargés des morceaux de choix du bison.

» Les deux jours suivants, pour débarrasser notre
» route, nous avons été obligés d'envoyer nos chas-
» seurs en avant battre la campagne. Mais le troupeau,
« un moment dispersé, se reformait sur nos derrières
» et se mêlait même à nos mules de transport et à nos
» chevaux de réserve. Malgré toutes nos précautions,
» dans l'impossibilité où nous nous trouvions de con-
» duire chacune de nos bêtes par la bride, cinq d'entre
» elles ont disparu dans la foule de ces animaux sau-
» vages. C'est en vain que, pour les ravoir, nous nous
» sommes aventurés dans cette forêt de cornes, il a
» fallu partir et abandonner nos déserteurs à la vie
» nomade des prairies. »

Je poursuis ma narration : la vie, au milieu des
prairies, s'écoule chaque jour d'une manière égale ; et
cependant, malgré sa monotomie, elle a, pour un véritable amateur de chasse, un charme d'un attrait si
irrésistible qu'à l'heure où j'écris ces lignes, assis au
coin d'un bon feu, entouré de tout ce confort de la vie
parisienne qui fait tant apprécier les pénates d'un appartement de garçon, je quitterais Paris sans regret
pour me lancer encore sur les vagues verdoyantes
du Sahara américain à la poursuite des bisons, des
cerfs et des antilopes ; dussé-je, au retour de cette
nouvelle odyssée, ne retrouver, au lieu d'un dîner succulent chez Véfour ou à l'hôtel des Princes, qu'une
simple grillade assaisonnée d'un verre d'eau-de-vie.

J'ai rencontré, pendant mon séjour de dix années dans les Etats-Unis, des trappeurs qui jadis avaient goûté à toutes les jouissances de la vie civilisée, et qui, par des hasards de fortune, tombés au milieu de quelque peuplade sauvage, avaient fini par s'accoutumer si bien aux mœurs, aux plaisirs, comme aux vicissitudes et à l'enivrement de la vie du désert, qu'ils n'auraient pas cédé leur couche de roseaux, abritée seulement par une tente mal assurée sur ses étais, pour le meilleur lit de plume installé dans une maison princière. Il faut avoir soi-même éprouvé cet entraînement pour le bien comprendre.

La longueur de cet article m'empêche de raconter en détail les chasses nombreuses que nous fîmes, mes amis et moi, sous les ordres de Rahm-o-j-or, en compagnie de ses compatriotes. Si je posais ici le chiffre exact des bisons tués pendant notre séjour avec nos hôtes, nul ne voudrait me croire, et je désire éviter même le soupçon d'une gasconnade.

En 1841, lors de mon départ pour les Etats-Unis, j'avais emporté un excellent fusil de Saint-Etienne d'une valeur médiocre, comparativement à la bonté de l'arme. Ce fusil, à deux coups, m'avait accompagné dans toutes mes excursions cynégétiques, et je déclare qu'il me paraissait préférable même aux carabines rayées dont se servaient mes compagnons de chasse. La justesse et la précision de cette arme n'avaient point échappé à l'œil sagace de Rahm-o-j-or, et j'avais remarqué qu'à différentes reprises il jetait sur elle des regards furtifs, semblables à ceux d'un amoureux sur la femme qu'il aime. Un matin, quelques jours avant l'époque que nous avions fixée, mes amis et moi, pour retourner à Saint-Louis, le chef indien vint résolument à moi et me dit dans sa langue expressive :

— Mon frère blanc possède un bon fusil; au lieu de l'emporter, il devrait le laisser entre les mains de Rahm-o-j-or, qui, à cause de son rang de chef, doit avoir une arme plus belle que celle de ses sujets.

— J'y consentirais volontiers, répondit-je, si je ne tenais infiniment à ce *weapon*, qui est à ma couche, et dont la solidité m'est éprouvée.

— Si tu veux, visage-pâle, ajouta mon interlocuteur, je te donnerai en échange des fourrures si belles que leur valeur sera pour toi une compensation.

J'écoutai plus volontiers, je l'avoue, une proposition aussi directe, qui me laissait encore l'alternative d'un refus, et je répondis à Rahm-o-j-or que je verrais à me décider, si ce qu'il allait me montrer était de mon goût.

— Viens, dit-il, je te ferai voir mon magasin de fourrures, et tu y prendras ce que tu voudras.

Je suivis le chef sioux sous sa tente, et là, à mon grand étonnement, soulevant une des parois mobiles de sa hutte légère, il exposa à mes regards un amas de pelleteries superbes, telles que martres, renards gris et bleus, hermines, rats musqués, et autres dépouilles d'animaux qui auraient suffi à remplir la boutique d'un fourreur et à l'achalander pour longtemps.

— Je suis, me dit-il, un des principaux pourvoyeurs de la *North-American fur Company*, et voilà le produit de nos chasses des quatre derniers mois. Dans deux semaines, l'agent de la compagnie doit passer ici et il emportera tout ce que tu vois. Choisis le premier, agis à ta discrétion, et prends le nombre de peaux que tu croiras équivalent à la valeur de ton fusil.

En ce moment solennel, je songeai que j'avais en France une mère, des cousines, des tantes, des amies, et, je l'avoue, j'usai largement de la liberté que m'accordait Rahm-o-j-or. Sans hésiter, je mis la main sur vingt fourrures de martres assorties, cinquante hermines au poil sans tache et blanc comme la neige, vingt renards bleus, six robes d'ours noir et huit peaux de bisons.

Tout en faisant mon choix, j'observais du coin de l'œil mon Sioux, qui gardait la plus impassible immobilité. Enfin je m'arrêtai, et, avec un sérieux aussi grave que le méritait la circonstance, je lui dis :

— Vois toi-même si ma main n'a point été indiscrète, et dis-moi si ce marché te convient.

— Ce que le visage-pâle a décidé, je suis prêt à le ratifier ; qu'il me donne sa main, et l'affaire sera conclue.

Comme on le pense bien, je me hâtai de toper dans la dextre de Rham-o-j-or. J'appelai Duquesne, notre Canadien, qui, avec une habileté sans pareille, m'aida à faire un ballot de ces richesses inespérées et le transporta sur une de nos charrettes à l'abri du soleil et de la pluie, car j'avais eu soin de bien envelopper le tout d'une vieille toile à voile sur un des côtés de laquelle j'avais écrit, au moyen de couleur noire faite avec de la graisse et du charbon pilé : — *B.-H. Révoil. New-York.*

Voilà quel fut le sort de mon fusil qui, à cette heure,

est encore, je l'espère, entre mains de son maître. Avant de raconter à mes lecteurs comment nous prîmes congé de nos hôtes pour rentrer dans les limites de la civilisation, je n'ai point oublié que je leur dois l'histoire de ma guitare, et je vais tenir ma promesse.

Un de mes oncles, mort depuis peu, m'avait donné, il y a quinze ans, une guitare en bois de citronnier, et, j'ose l'avouer, malgré toute mon application, j'avais à peine réussi à forcer cet instrument, ingrat par lui-même, à me rendre un autre service que celui de me servir d'accompagnateur pour chanter une romance ou une chansonnette. La veille de mon départ de New-York, Daniel Simonton, qui était venu surveiller mes préparatifs de voyage, aperçut ma guitare accrochée dans un des angles de ma chambre, et m'engagea fortement à la remettre dans la caisse pour l'emporter avec le reste de mon bagage.

— Que diable ferai-je d'un chaudron semblable? dis-je à mon ami. Chasse-t-on les bisons aux accords d'une guitare? Nouvel Orphée, voulez-vous charmer les oiseaux et les animaux par les sons criards de cette boîte creuse armée de six cordes? En un mot, s'agit-il d'un moyen de chasse inédit jusqu'à présent, et dont vous êtes l'auteur?

— Pas le moins du monde, m'avait répondu M. Simonton; vous savez bien que je ne « pince » pas de cet instrument : c'est sur vous que je compte pour opérer le miracle d'attirer près de nous non pas des bêtes, mais des hommes.

— Expliquez-vous.

— Plus tard vous saurez ce que je veux vous dire.

Et, malgré mes questions réitérées, mon camarade.
de chasse ne voulut point ajouter un mot de plus, me
laissant dans une incertitude complète.

C'est ainsi que j'avais apporté dans le camp des
Sioux ma guitare qui restait oubliée sur une de nos
charrettes, au fond de sa boîte de sapin, lorsque, le
second soir de mon arrivée dans le camp de Rahm-o-
j-or, M. Simonton se souvint d'elle. Nous venions de
souper : chaque convive, assis autour d'un feu pétillant, fumait sa pipe au milieu d'un silence profond,
lorsqu'une voix, s'adressant à Gemmel, l'un de nos
trois Canadiens, lui enjoignit d'aller chercher la boîte
noire.

— *Yes, sir*, répliqua notre serviteur ; et, s'élançant
hors du cercle, il revint bientôt portant la guitare dans
son étui.

M. Simonton, avec toute la lenteur qui caractérise
les Américains, ouvrit la serrure, dépouilla l'instrument du foulard dont il était enveloppé, et l'offrit soudain à la vue des Peaux-Rouges qui nous environnaient
et suivaient chacun de ses mouvements avec l'avidité
curieuse d'un enfant.

— Maintenant, mon cher ami, fit-il en s'adressant
à moi, voici le moment où jamais de déployer vos ta-
lents. Vous avez devant vous des hommes qui doivent
infailliblement être charmés. Faites de votre mieux,
je mets hors de doute que vous ne pourriez oncques
produire, même dans un salon de Paris, une sensation
pareille à celle dont vous allez être témoin.

Ces mots, dits en français, n'avaient été compris que
de moi seul : je préludai quelques notes, examinant

avec la plus grande attention l'expression de chacun de mes auditeurs. Ces premiers sons avaient opéré un effet magique : les Indiens s'étaient levés l'œil brillant, le cou tendu ; hommes et femmes se pressaient autour de moi, tout en observant un silence profond. Je le dis ici sans rougir, je me sentais ému, et je ne crois pas que jamais débutant, paraissant pour la première fois sur les planches de l'un de nos grands théâtres, ait tremblé devant un public d'élite avec plus de force que je le faisais en présence de ces hommes des bois, à l'esprit inculte et barbare, aux mœurs primitives et sans fard.

Bientôt, surmontant toute timidité, mes doigts devinrent plus agiles, mes accords plus justes. L'harmonie se produisit comme par enchantement, et la cadence était marquée par plus de deux cents têtes échelonnées les unes sur les autres de la manière la plus pittoresque. Je ne cessai de jouer que lorsque j'eus épuisé tout le répertoire de mes souvenirs : Meyerbeer, Auber, Halévy, Caraffa, Bellini, Donizetti et l'immortel Rossini m'avaient inspiré tour à tour, et jamais concertiste en en plein vent n'avait reçu des *wohovhoo* (bravos indiens, plus enthousiastes que ceux qui me furent prodigués par les Sioux, ravis de cette improvisation inattendue.

Au milieu de ces figures bronzées, dont la couleur de brique contrastait avec la pâleur de mes camarades et la mienne, j'avais remarqué une jeune fille aux formes sveltes, aux pieds d'enfant, à l'œil noir et brillant comme une escarboucle, qui, dès les premiers accords produits par l'instrument, avait traversé la foule, s'était placée à mes côtés, et, le visage appuyé sur ses deux mains mignonnes, ne quittait pas des yeux les mouvements de mes doigts sur les cordes.

Lorsque mon improvisation fut achevée, je ne tardai pas à recevoir les félicitations de Rham-o-j-or et de tous les Sioux, qui voulurent, chacun à leur tour, toucher à la guitare et se rendre compte du procédé que j'avais mis en pratique pour tirer les sons qui les avaient charmés. L'instrument me fut enfin rendu, et Otami-ah, la « *squaw*, » me pria, à l'aide d'une pantomime toute gracieuse, de le lui prêter. Ses petites mains cherchèrent aussitôt à imiter le doigter que j'avais mis en usage pour jouer de la guitare. Longtemps elle voulut parvenir à trouver un accord, ce fut en vain. J'étudiais avec curiosité les marques de colère enfantine exprimées par la jolie Peau-Rouge. Cet fut au milieu de cet exammen attentif que sonna, pour la tribu entière, l'heure du repos. Nous nous retirâmes tous sous nos tentes, où Gemmel rapporta la caisse noire que j'avais eu le soin de fermer à clef.

Le lendemain, la pluie nous retint au camp ; il était impossible de songer à nous mettre en chasse. J'étais étendu sous les arcades de l'une de nos charrettes, lorsque Otami-ah, précédée de Rham-o-j-or et de Duquesne, notre interprète forcé, se glissa près de moi ; elle venait me prier de lui apprendre à jouer de la guitare. Quoique je me sentisse fort peu expert à donner des leçons à la jeune Indienne, moi qui ne sais la musique que par instinct, je consentis à ses désirs ; la leçon commença et se prolongea très-tard. Chaque soir, pendant tout notre séjour au milieu des Sioux,

Otami-ah et moi nous allions nous abriter derrière une touffe de cotonniers, loin des importuns, et je me faisais un plaisir de lui prodiguer des conseils qu'elle écoutait avec avidité. Quinze jours s'étaient à peine écoulés, que mon écolière en savait autant que le maître, et ses mains élégantes avaient acquis une agilité qui eût étonné Carulli lui-même.

Lorsque le jour du départ fut arrivé, lorsque mes amis et moi eûmes décidés qu'il fallait reprendre le chemin du pays où chacun de nous était appelé par ses affaires particulières, les uns devant arriver à Saint-Louis, les autrs du nombre desquels j'étais, étant attendus à New-York, j'ose dire sans me vanter que nos hôtes nous exprimèrent avec la plus touchante expression, tous les regrets qu'ils éprouvaient de nous voir partir, et qu'ils cherchèrent à nous retenir avec eux par tous les moyens possibles.

Le matin de notre départ, Otami-ah vint me trouver et me demander, comme une faveur extrême, d'échanger avec elle ma guitare contre un costume complet de guerrier sioux qu'elle avait brodé elle-même et embelli de ses mains, le destinant à son fiancé. J'avais songé, avant même de recevoir la visite de la charmante squaw, à lui laisser un instrument que je regardais comme inutile pour moi; aussi, après lui avoir fait comprendre que son intention avait devancé le désir que j'avais de lui être agréable, je ne pus résister au plaisir d'accepter, à titre de souvenir, le costume magnifique qu'elle me presentait. Rien ne manquait à cette parure guerrière, dont l'étoffe était de cuir de daim, rendu imperméable par des procédés dont les Peaux-Rouges connaissent seuls le secret, et orné d'un nombre incalculable de broderies faites au moyen de barbes de porc-épic teintes de toutes les couleurs. La tunique à franges tailladées, le haut de chausses (*leggings*), les mocassins, la ceinture, la coiffure ornée de magnifiques plumes rouges, jaunes, noires et vertes, le calumet, la poche à poudre et à balles, les gants ronds et fourrés, tout était là devant moi, et si bien coupé à ma taille, que, lorsque j'eus endossé la tenue complète d'un Sioux marchant au combat, il ne manquait plus à ma toilette que la couche d'ocre rouge, tatouage factice dont les Peaux-Rouges se couvrent la figure dans le but de se rendre plus terribles à leurs ennemis.

L'échange fut donc fait séance tenante, et Otami-ah, ravie de son marché, me tendit ses deux joues, comme pour me remercier de la bonne affaire qui venait d'être conclue entre elle et moi.

Quelques heures après, nous montions à cheval pour reprendre la route d'Indépendance. Cinquante Sioux devaient nous escorter jusqu'au delà du fort Leavenworth, c'est-à-dire jusqu'à la première habitation qui s'élève sur les limites du désert. Inutile de dire que nos adieux furent solennels. Rahm-o-j-or nous serra à tous cordialement la main, et Otami-ah joignit ses vœux aux siens, nous souhaitant ūn heureux voyage jusqu'à la terre des visages-pâles ; charmante jeune fille à qui, tout en donnant des leçons, j'avais également accordé une place dans mon cœur.

Le premier jour de notre départ, il plut du matin au soir ; le lendemain, le temps n'était pas plus favorable ; mais enfin la troisième journée fut plus belle. Comme chasseur, je me souviendrai longtemps de cette date, car je fus témoin et acteur d'une chasse admirable.

Nous venions d'entrer dans une gorge obstruée de buissons, lorsque Duquesne, dont le cheval trottait à côté de moi, s'arrêtant tout-à-coup, nous engagea à faire halte sans mot dire. Il se laissa couler à terre, et appuya son oreille sur le sol pour écouter. Après quelques secondes, il nous conseilla de l'imiter et obéissant à son désir, nous nous jetâmes tous à plat ventre, prêtant une oreille attentive, mais avouant que notre ouïe était en défaut. Trois fois nous répétâmes cette manœuvre ; à la quatrième seulement, nous saisîmes un bruit faible et insignifiant, qui, peu à peu devint plus distinct et augmenta de moment en moment.

Abriter nos montures derrière un bouquet de bois, y remiser nos trois charrettes, tout cela fut l'affaire de quelques minutes ; puis, nous glissant à travers un buisson impénétrable, nous parvîmes tous sur la lisière opposée. Chacun de nous, caché par la verdure attendit le moment opprtun où les animaux qui arrivaient indubitablement sur nous, passeraient à sa portée.

Quels étaient-ils? cerfs, coyotes, antilopes ou bisons? Nul ne pouvait le dire. La branche fourchue d'un cotonnier se trouvant devant moi, j'y posai le canon d'une carabine que j'avais emprunté à l'arsenal de M. Mead, et j'attendis, le cœur palpitant, le moment de lâcher la détente.

Tout d'un coup, dans l'espace vide entre les buissons qui croissaient devant nous, apparurent une vingtaine de bisons emportés de notre côté par une course précipitée. Telle était l'impétuosité de ces animaux, qu'on entendait se briser avec fracas les rameaux qui obstruaient leur passage. Tous étaient malheureusement à de si grandes distances, qu'il était impossible d'en ajuster un avec quelque chance de succès.

Déjà, pour ma part, je craignais que le troupeau tout entier ne nous échappât, lorsque, à quinze pas devant moi, je vis arriver un magnifique bison qui, trottant clopin-clopant, traînait avec difficulté une de ses jambes. J'attendais, tout en l'ajustant, que la distance qui le séparait de moi fût moins grande, lorsqu'un magnifique glouton, qui poursuivait l'animal, vint s'offrir à mes regards. Rien n'est plus gracieux que cette féline du Nord : tête haute et les yeux brillants, elle bondissait en rugissant, se rapprochant à chaque élan du bison qui cherchait à échapper à ses étreintes. Quel admirable spectacle, pour nous chasseurs, que de voir ces deux nobles têtes, dont la vie était presque entre nos mains et ne dépendait que de notre adresse ! J'allais tirer sur le glouton, lorsque cet animal carnassier fit un bond prodigieux et s'élança sur le dos du bison. Tous deux roulèrent à terre, l'un étreignant, et l'autre tellement étreint qu'il ne pouvait se débarrasser des griffes de son ennemi. Le glouton pourléchait ses lèvres humectées de sang, et resserrait de plus en plus l'étau vivant qui paralysait la vie du bison. Enfin ce dernier laissa retomber lourdement sa tête sur le sol, ses membres se raidirent, et il resta immobile.

C'était le moment de faire feu ; chaque seconde de retard pouvait permettre à mes camarades de tirer à mon nez et à ma barbe. Sans sortir de ma cachette, au moment où le glouton tournait la tête de mon côté, je l'ajustai et lâchai la détente de ma carabine. Je le vis, au milieu d'un nuage de fumée, sauter à une distance assez grande et retomber, se livrant à des contorsions qui indiquaient une mort prochaine. M. Mead mit un terme à cette agonie et à ces mugissements horribles.

C'était le premier glouton que j'avais tué de ma vie : je laisse à penser quelle joie j'éprouvai à le regarder, à le retourner dans tous les sens, à le dépouiller et à serrer précieusement sa robe mouchetée. Cette fourrure curieuse est encore un de mes plus beaux trophées de chasse. Quant au bison il était bien mort : le glouton l'avait surpris au moment où il avait passé sous l'arbre du haut duquel il guettait sa proie. Il avait péri étouffé et saigné à la fois à la jugulaire.

En arrivant à Saint-Louis, j'avais pris congé de plusieurs de mes camarades de chasse, MM. Delmot et Simonton furent les seuls qui se décidèrent à remonter l'Ohio avec moi pour rejoindre l'État de New-York par les lacs et les chutes du Niagara. Tous trois nous étions à bord du steamboat *Jefferson*, sorte de maison flottante peuplée de la cale au faux-pont, et qui devait nous amener en deux jours à Cincinnati. Le départ eut lieu le soir, et au milieu de la mêlée qui s'opère sur un steamboat américain, lorsqu'il lâche sa vapeur et détache ses amarres, j'avais confié à l'un des nègres du bord tout mon bagage, parmi lequel se trouvaient les deux ballots rapportés du camp de Rham-o-j-or, l'un contenant les fourrures échangées pour mon fusil, l'autre mon costume de guerrier. Tout cela avait été remisé sous mes yeux, et une chaîne passée entre les courroies et les cordes de chaque colis, fixée à l'autre bout par un cadenas fermé sur le dernier anneau, me faisait croire que je pouvais aller reposer en paix. D'ailleurs mon nègre ne devait-il pas veiller pour obtenir un salaire ? Fatale confiance ! J'avais compté sans les rusés *thieves*, passagers ordinaires des bateaux à vapeur qui sillonnent les fleuves des Etats-Unis. J'aurais dû mieux réfléchir sur la sagesse de ces écriteaux nombreux qui se dressaient devant moi, cloués à chaque colonne de notre auberge flottante : *Beware of thieves and pick pockets* (prenez garde aux voleurs et aux filous).

Le lendemain matin, lorsqu'après déjeuner j'eus la curiosité de voir si, pendant la nuit, on n'avait point, durant les différentes stations, dérangé ou du moins bousculé mon bagage, il me fut impossible de retrouver mes deux ballots.

Je criai, je tempêtai, je menaçai le stupide mauricaud de le faire jeter en prison, car il était responsable de mes effets : rien n'y fit. Soit par l'effet d'un vol, soit par suite d'une erreur, je perdais à la fois mes fourrures et mon costume de Peau-Rouge.

Adieu le plaisir que je me faisais à l'avance de distribuer mes richesses à mes parents et amis ! Foin du désir que j'avais de me parer en Europe de mon vêtement sioux! Il me fallait renoncer à tout cela. Bon gré mal gré, je dus philosophiquement me résigner à mon sort; je pris le parti de n'y plus songer.

Hélas! de mon voyage au milieu des Indiens, il ne me reste plus à cette heure qu'un arc et quelques flèches, une poche pour la poudre et le plomb, brodée en barbe de porc-épic, et la peau de mon glouton. Qui sait ce qu'est devenu le reste de mes curiosités et quelles épaules ont paré mes précieuses fourrures?

FIN.

IMPRIMERIE DE MUNZEL FRÈRES, A SCEAUX.

VOLUMES EN VENTE.

LES VIVEURS DE PARIS, par XAVIER DE MONTÉPIN.

    1re Série. **Un Roi de la mode.** . . . . 1 vol.

    2e — **Le Club des Hirondelles.** . . . . . . 1 vol.

    3e — **Un Fils de Famille.** . . . . 1 vol.

    4e — et dernière. **Le Fil d'Ariane.** . . . . . . 1 vol.

LES AMOURS D'UN FOU, par XAVIER DE MONTÉPIN. . 1 vol.

LES GENTILSHOMMES CHASSEURS, par le marquis DE FOUDRAS . . . . 1 vol.

UNE HISTOIRE DE SOLDAT, par madame LOUISE COLET. 1 vol.

RACHEL ET LE NOUVEAU MONDE, par L. BEAUVALLET. 1 vol.

TRISTAN LE ROUX, par ALEXANDRE DUMAS fils. . . . . 1 vol.

CHASSES ET PÊCHES DE L'AUTRE MONDE, par B.-H. RÉVOIL. . . . . 1 vol.

LES PÉCHÉS MIGNONS, par A. DE GONDRECOURT. . . 2 vol.

SIMPLES RÉCITS, par CHARLES DESLYS. . . . . . . 1 vol.

LA COMTESSE ALVINZI, par le marquis DE FOUDRAS. . 1 vol.

VOLUMES A PARAITRE.

LE BEAU TIRCIS, par XAVIER DE MONTÉPIN. . . . . 1 vol.

LES BOHÊMES DE LA RÉGENCE, par le même. . . . . 1 vol.

UNE FAMILLE PARISIENNE AU XIXe SIÈCLE, par madame ANCELOT. . . . . 1 vol.

CONTES D'UN MARIN, par G. DE LA LANDELLE. . . . 1 vol.

UN ROMAN, par madame ROGER DE BEAUVOIR. . . . 1 vol.

MADAME DE MIREMONT, par le marquis DE FOUDRAS. . 1 vol.

LE DERNIER DES KERVEN, par A. DE GONDRECOURT. . 2 vol.

LES FOUCANIERS, par PAUL DUPLESSIS. . . . . . . 1 vol.

SCEAUX. — IMPRIMERIE DE MUNZEL FRÈRES.